工学结合·基于工作过程导向的项目化创新系列教材
国家示范性高等职业教育土建类"十二五"规划教材

十二五

建筑制图与识图实训

JIANZHU

ZHITU YU SHITU SHIXUN

主编 邵荣振 张 丽 钱雨辰

课件PPT
教案
www.ibook4us.com
提供

习题/试题
(含答案)
www.ibook4us.com
提供

课程标准
教学计划
www.ibook4us.com
提供

华中科技大学出版社
http://www.hustp.com
中国·武汉

图书在版编目(CIP)数据

建筑制图与识图实训/邵荣振,张丽,钱雨辰主编. —武汉:华中科技大学出版社,2015.10(2021.9重印)
国家示范性高等职业教育土建类"十二五"规划教材
ISBN 978-7-5680-1303-1

Ⅰ.①建…　Ⅱ.①邵…②张…③钱…　Ⅲ.①建筑制图-识别-高等职业教育-习题集　Ⅳ.①TU204-44

中国版本图书馆 CIP 数据核字(2015)第 248933 号

建筑制图与识图实训　　　　　　　　　　　　　　　　　　　　邵荣振　张　丽　钱雨辰　主编

策划编辑:康　序
责任编辑:狄宝珠
封面设计:原色设计
责任校对:刘　竣
责任监印:张正林
出版发行:华中科技大学出版社(中国·武汉)
　　　　　武昌喻家山　　邮编:430074　　电话:(027)81321913
录　排:武汉正风天下文化发展有限公司
印　刷:湖北大合印务有限公司
开　本:787mm×1092mm　1/8
印　张:14.5
字　数:207 千字
版　次:2021 年 9 月第 1 版第 2 次印刷
定　价:28.00 元

华中出版

目 录

任务一　绘图的基本知识

建筑基础梁板门窗钢筋混凝土学校姓名班级学号制图结构识图审核

砖砌屋面埋件吊顶变形缝平拱过梁隔断勒脚散水

ABCDEFGHIJKMLNOPQRSTUW

1234 5678 9

笔画	点	横	竖	撇	捺	挑	折	钩
形状								
运笔								

字体	梁	板	门	窗
结构				
说明	上下等分	左小右大	缩格书写	上小下大

任务一 绘图的基本知识

模块二　图线练习		班级		姓名		学号		

在右侧画出与左侧相同的线宽和线型的线条,线宽组 b 取 1 mm。

任务一 绘图的基本知识

模块三 标注练习	班级		姓名		学号	

1. 在下图中按照上图的尺寸标注,正确地标注尺寸线、尺寸界线、尺寸起止符号和尺寸数字。

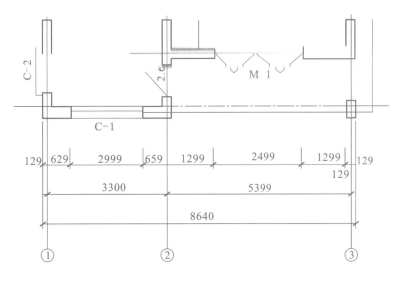

2. 标注圆的直径。

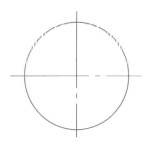 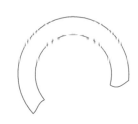

 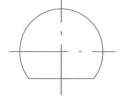

3. 对下面图形进行尺寸标注。

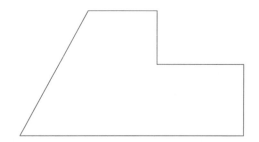

4. 用 1:20 的比例作一个直径为 500 mm 的圆。

任务一 绘图的基本知识

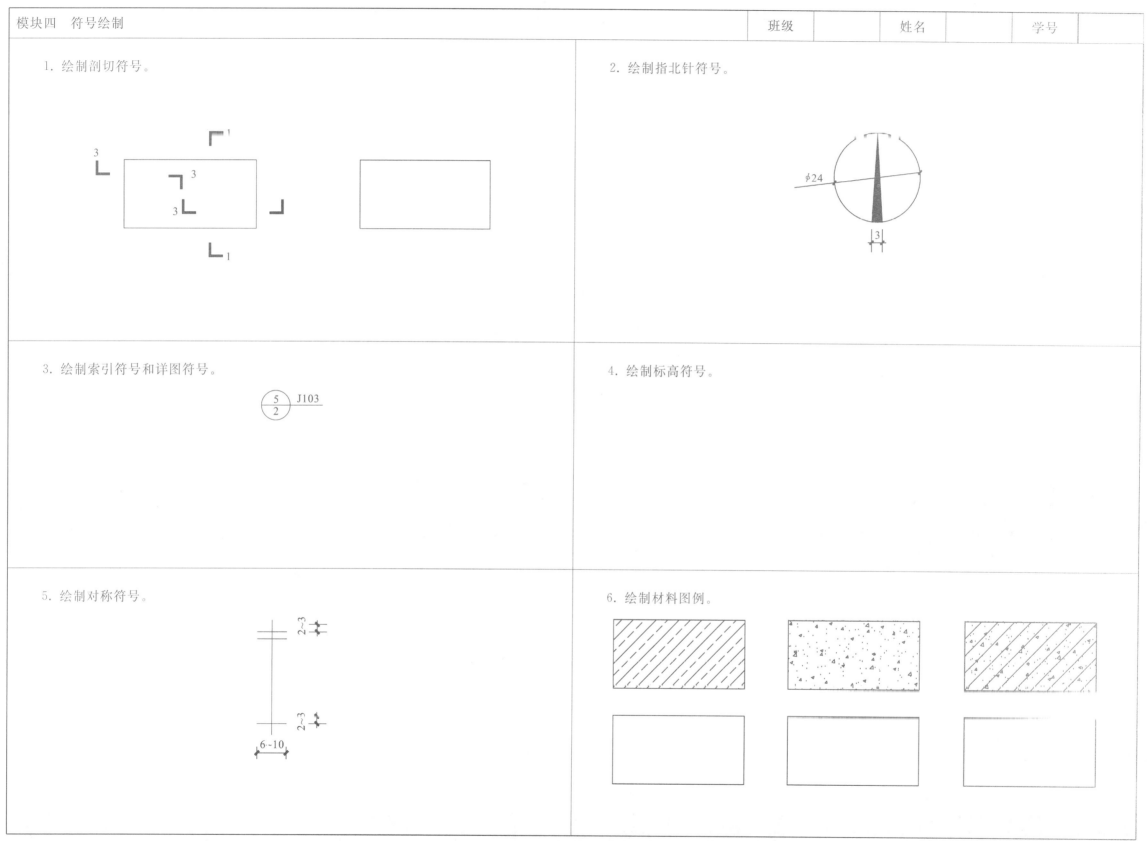

1. 绘制剖切符号。

2. 绘制指北针符号。

3. 绘制索引符号和详图符号。

4. 绘制标高符号。

5. 绘制对称符号。

6. 绘制材料图例。

任务一 绘图的基本知识

模块五　综合实训		班级		姓名		学号	

综合实训指导

一、实训目的

1．熟悉国家制图标准的相关规定，如图幅、图线、字体、比例、尺寸标注、材料图例等。

2．学习正确使用绘图工具和仪器的方法。

3．初步学会尺寸标注。

二、要求

1．用 A4 图纸抄绘所给图形，并标注尺寸。

2．绘图比例为 1：10，粗线取值 $b=1$ mm。

3．标题栏采用教材中推荐的学生用标题栏，并用长仿宋体注写相关内容。

三、实训指导

用 H 或 2H 的铅笔起底稿线。

1．绘制图框、标题栏的底稿线。

2．布图，确定图形的位置，图形的中线大体放在中间。

3．逐步开始绘图。

4．标注尺寸。

5．加深图线。

6．书写图中汉字和标题栏。

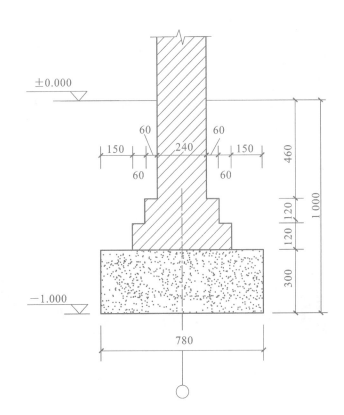

任务二 投影的基本知识

A   B   C   D

_____

A   B   C   D

_____

任务二 投影的基本知识

1. 根据给出的轴测图，补齐投影图中所缺的图线。

2. 补齐投影图中所缺的图线。

3. 根据给出的轴测图，补齐投影图中所缺的图线。

4. 根据给出的轴测图，补齐投影图中所缺的图线。

任务二　投影的基本知识

	班级		姓名		学号	

1. 根据给出的轴测图,绘制几何体的三面投影图。

2. 根据给出的轴测图,绘制几何体的三面投影图。

3. 根据给出的轴测图,绘制几何体的三面投影图。

4. 根据给出的轴测图,绘制几何体的三面投影图。

任务三 点、线、面、体的投影

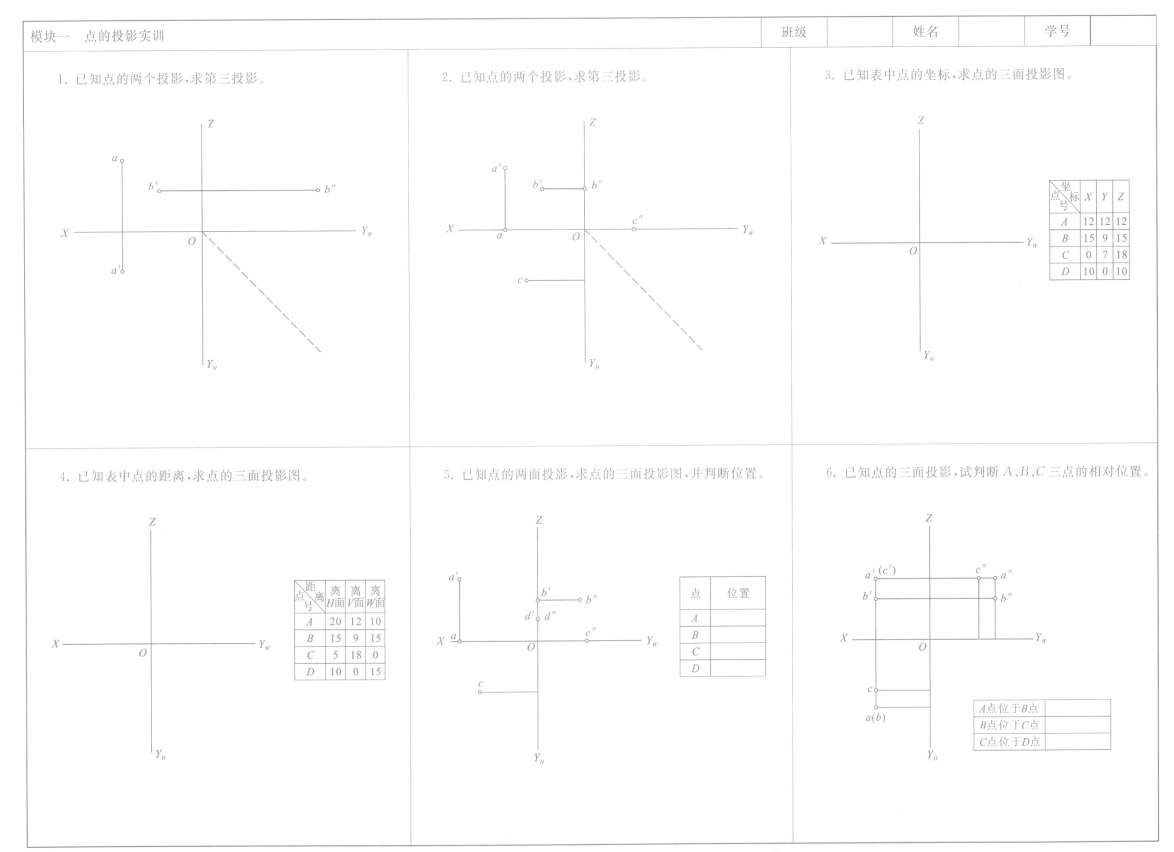

1. 已知点的两个投影，求第三投影。

2. 已知点的两个投影，求第三投影。

3. 已知表中点的坐标，求点的三面投影图。

坐标 点号	X	Y	Z
A	12	12	12
B	15	9	15
C	0	7	18
D	10	0	10

4. 已知表中点的距离，求点的三面投影图。

距离 点号	离H面	离V面	离W面
A	20	12	10
B	15	9	15
C	5	18	0
D	10	0	15

5. 已知点的两面投影，求点的三面投影图，并判断位置。

点	位置
A	
B	
C	
D	

6. 已知点的三面投影，试判断 A、B、C 三点的相对位置。

A点位于B点	
B点位于C点	
C点位于D点	

任务三　点、线、面、体的投影

7. 已知点 A、B、C、D 的两个投影，判断点的可见性（不可见点加括号）。

8. 已知点 $A(25,32,18)$，点 B 在点 A 之左 10，之下 5，之后 15；点 C 在点 B 正后方 5，作出 A、B、C 的三面投影。

9. 已知点 $A(30,25,20)$，点 $B(30,25,10)$，点 C 在点 A 之右 15，之下 5，之后 10，作出 A、B、C 的三面投影。

10. 试比较 A、B 两点之间的相对位置。

_____点在左，_____点在右；
_____点在前，_____点在后；
_____点在上，_____点在下。

11. 在三视图上标出 A、B、C、D、E 的投影及重影点。

12. 已知点 A 的两面投影，点 B 在点 A 的正下方 10，点 C 在点 B 的正前方 5，求 A、B、C 的三面投影。

任务三 点、线、面的投影

1. 已知线段 AB 的两面投影,求作第三面投影,并说明直线是何种位置的直线。

直线AB是____线

直线AB是____线

直线AB是____线

直线AB是____线

直线AB是____线

直线AB是____线

任务三 点、线、面、体的投影

2. 已知线段 AB 的两面投影，求线段 AB 的实长和 α 角。

3. 已知线段 AB 的投影，试将 AB 按 2∶1 的比例分成两段，求分点 C 的投影。

4. 判断点 C 是否在线段 AB 上。

5. 已知线段 AB 平行于 V 面，且线段 AB 的长度为 15，与 H 面的夹角为 30°，点 B 在点 A 的后下方，求线段 AB 的三面投影。

6. 求直线 AB 的投影，已知该直线上的所有点到三面投影的距离都相等。

7. 已知线段 AB 的点 A 的投影，且线段 AB 的实长为 20，垂直于 V 面，求其投影。

任务三 点、线、面、体的投影

8. 已知直线 *AB* 和 *CD* 的两面投影，判断两直线的相对位置关系。

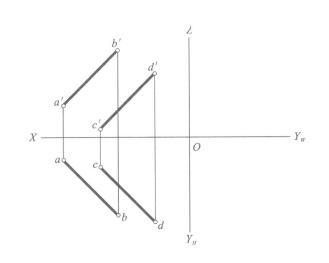

直线 *AB* 与 *CD* ＿＿＿＿

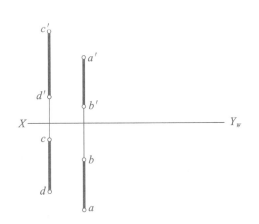

直线 *AB* 与 *CD* ＿＿＿＿

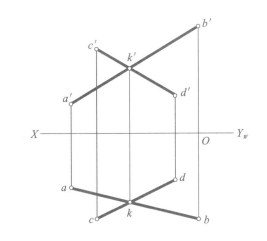

直线 *AB* 与 *CD* ＿＿＿＿

9. 过点 *F* 作一条直线与 *AB*、*CD* 都相交。

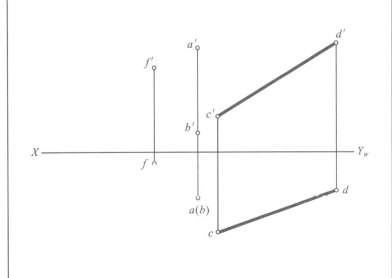

10. 试分析立体表面上各线段的空间位置。

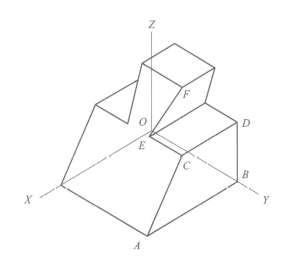

任务三　点、线、面、体的投影

模块三　面的投影实训	班级		姓名		学号	

1. 根据平面的两面投影，作平面的第三面投影，并说明是什么位置的平面。

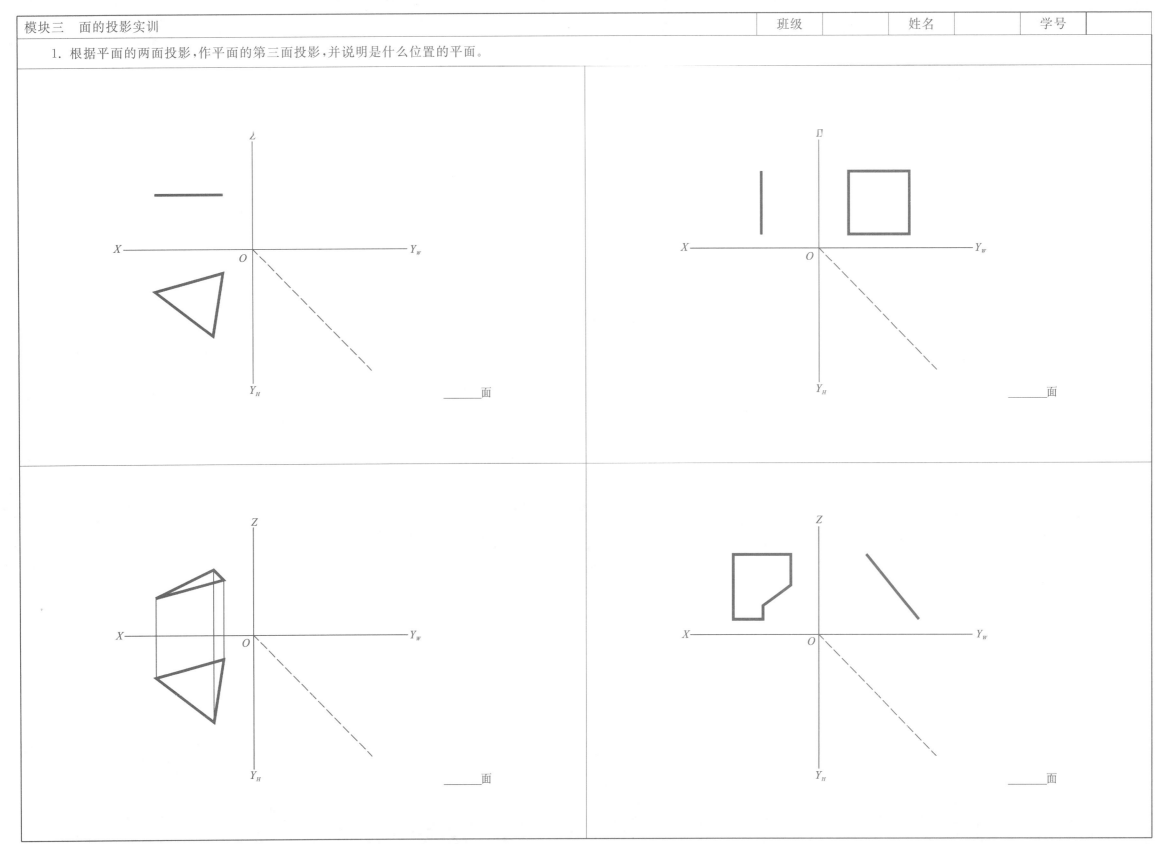

_____面

_____面

_____面

_____面

任务三　点、线、面、体的投影

2.已知长方形 ABCD 的一条边 AB 为正垂线且位于左下方,ABCD 为正垂面,且与 H 面的倾角为 30°,完成 ABCD 的 V 面投影。

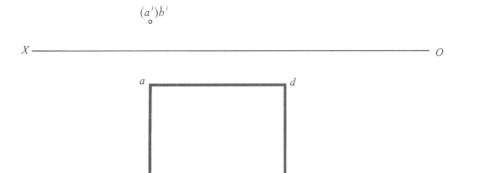

3.已知平面上点的一面投影,完成点的另一面投影。

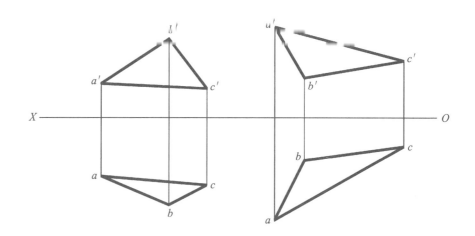

4.判断已知点是否属于平面。

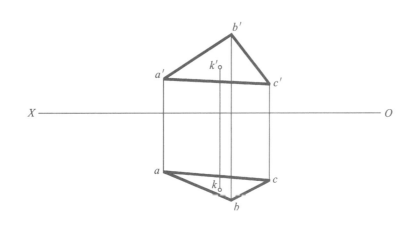

5.判断已知直线是否属于平面。

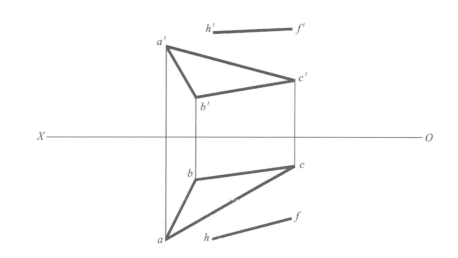

任务三 点、线、面、体的投影

6.在平面 *ABC* 内作一条水平线,使其到 *H* 面的距离为 15 mm。

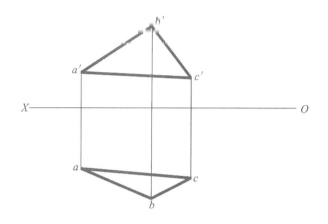

7.已知 *AC* 为正平线,补全平行四边形 *ABCD* 的水平投影。

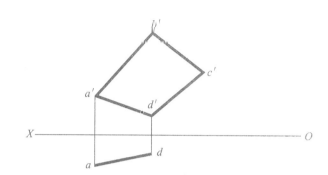

8.求平面 *ABC* 内直线 *EF* 的 *H* 面投影。

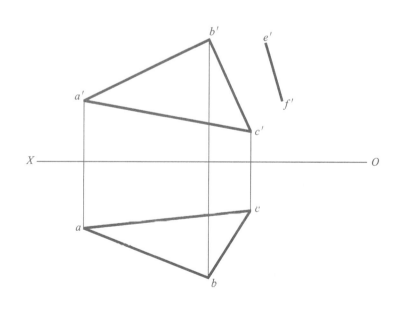

9.以 *AB* 为边,作一与 *V* 面成 30°的正方形 *ABCD*。

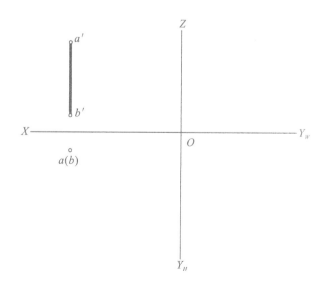

任务三 点、线、面、体的投影

1. 已知正五棱柱的高为25,完成其他两面投影。

2. 已知三棱柱的高为25,完成其他两面投影。

3. 已知棱台的两面投影,完成其第三面投影。

4. 已知几何体的两面投影,完成其第三面投影。

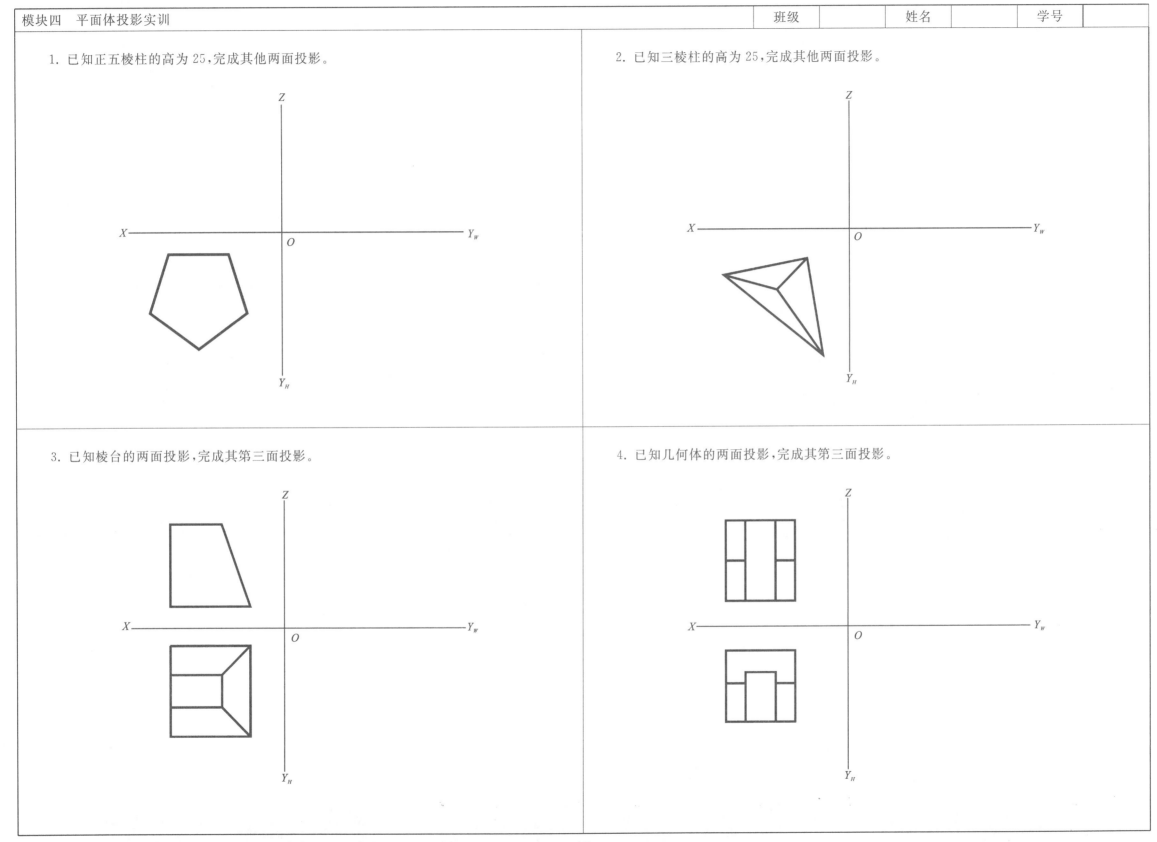

任务三 点、线、面、体的投影

5. 补齐下面几何体三面投影所缺的图线。

6. 已知几何体的两面投影，补绘第三面投影。

7. 已知几何体的两面投影，补绘第三面投影。

8. 已知几何体的两面投影，补绘第三面投影。

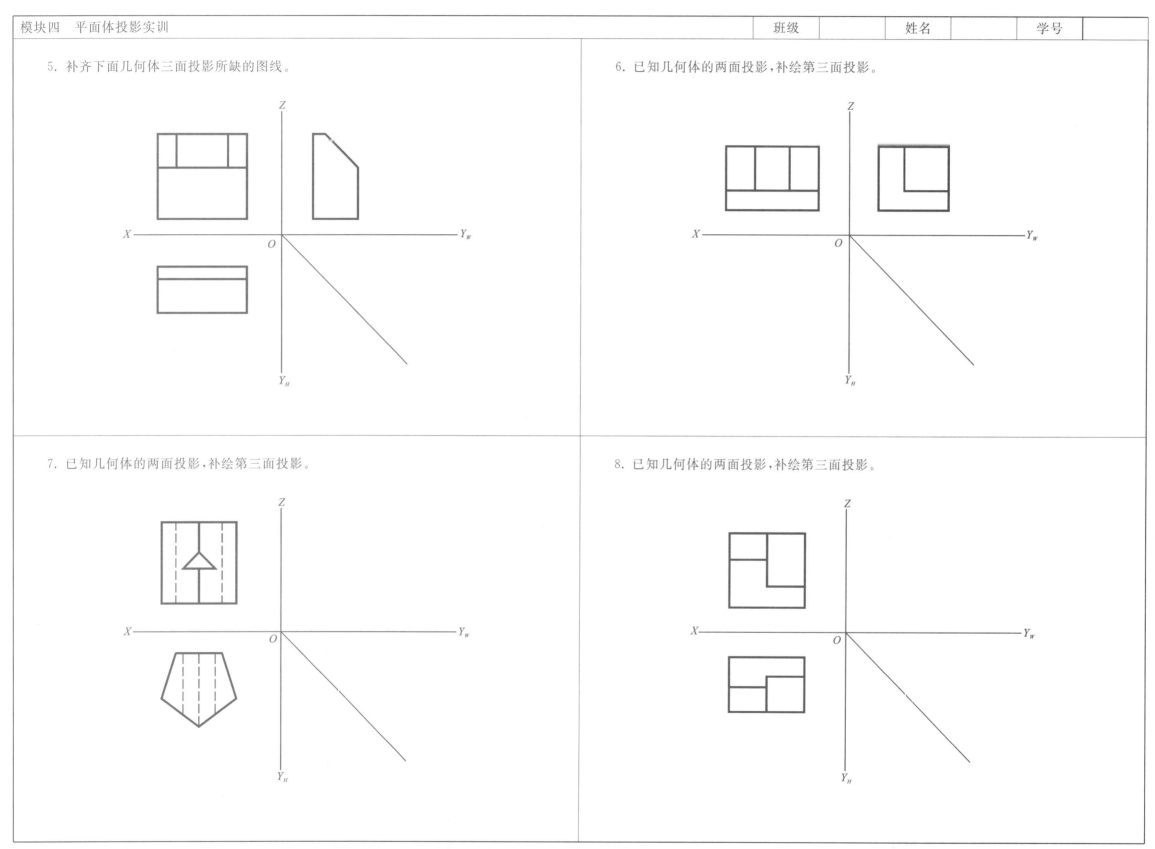

任务三　点、线、面、体的投影

1. 已知三棱锥的两面投影,补全第三面投影,并补全表面上点的投影。

2. 已知六棱柱的两面投影,补全第三面投影,并补全表面上点的投影。

3. 已知五棱柱的两面投影,补全第三面投影,并补全表面上点的投影。

4. 已知几何体的两面投影,补绘第三面投影。

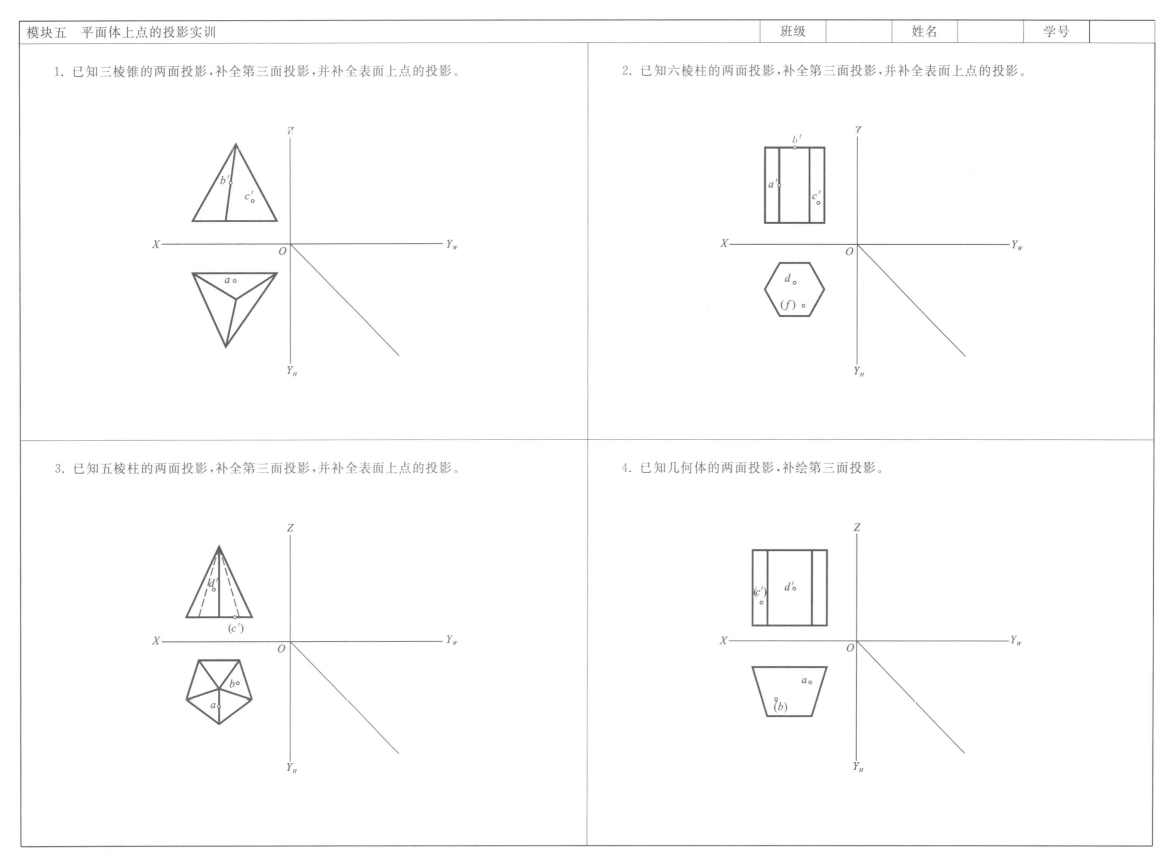

任务三 点、线、面、体的投影

1. 已知圆锥的 V 面投影,且圆锥垂直于 H 面,求作圆锥的另两面投影。

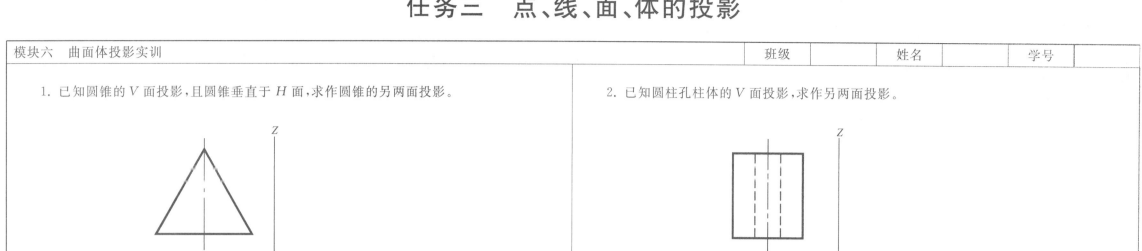

2. 已知圆柱孔柱体的 V 面投影,求作另两面投影。

3. 已知圆台的 H 面投影,求作另两面投影。

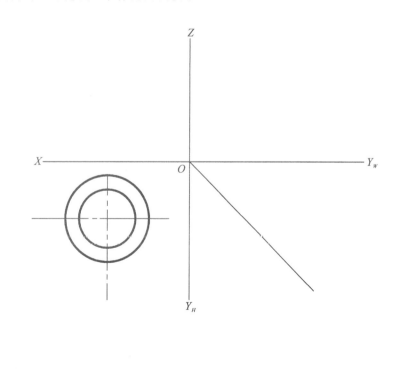

4. 已知形体的两面投影,求作第三面投影。

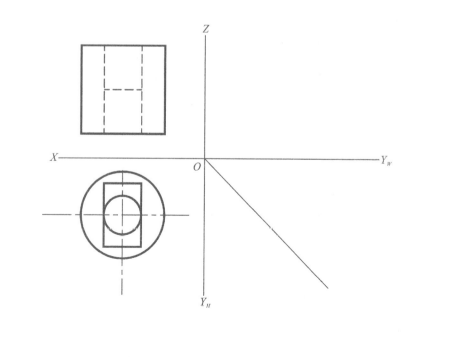

任务三 点、线、面、体的投影

1. 已知正圆锥的两面投影,补全第三面投影,并补全表面上点的投影。

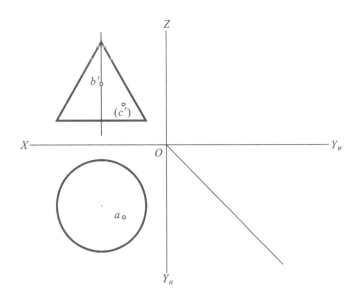

2. 已知圆柱体的两面投影,补全第三面投影,并补全表面上点的投影。

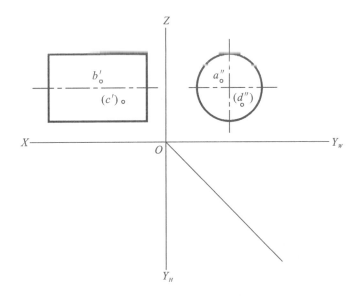

3. 已知球体的 H 面投影,补全第三面投影,并补全表面上点的投影。

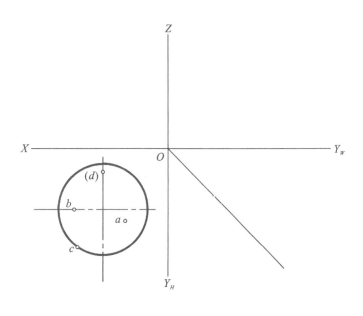

4. 已知圆台的 H 面投影,补全第三面投影,并补全表面上点的投影。

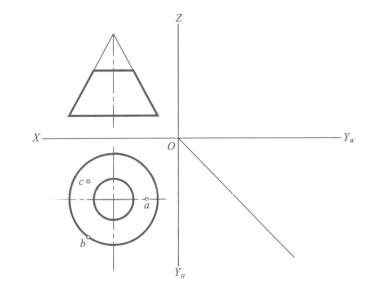

任务四 绘制轴测投影

1. 根据给出的三视图,绘制平面几何体的正等轴测图。

2. 根据给出的三视图,绘制平面几何体的正等轴测图。

3. 根据给出的三视图,绘制平面几何体的正等轴测图。

4. 根据给出的三视图,绘制平面几何体的正等轴测图。

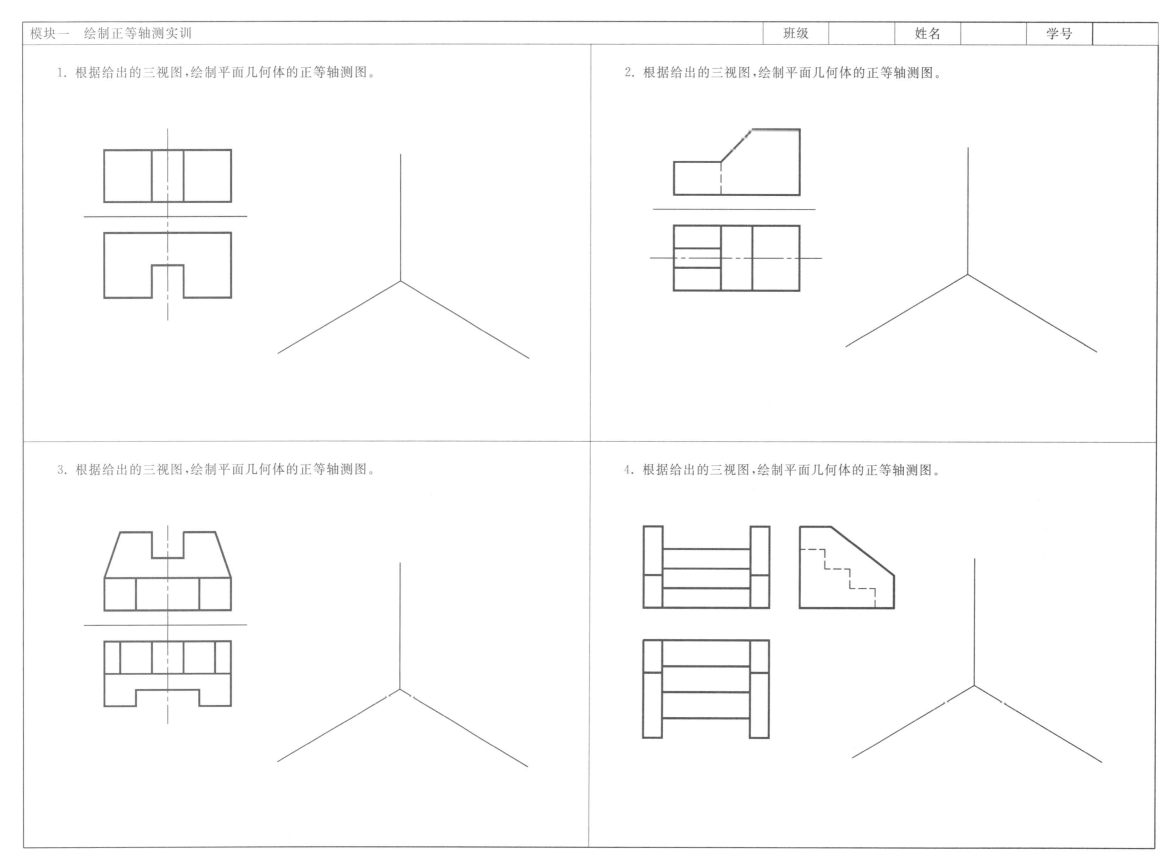

任务四　绘制轴测投影

5. 根据给出的三视图,绘制平面几何体的正等轴测图。

6. 根据给出的三视图,绘制平面几何体的正等轴测图。

7. 根据给出的三视图,绘制平面几何体的正等轴测图。

8. 根据给出的三视图,绘制平面几何体的正等轴测图。

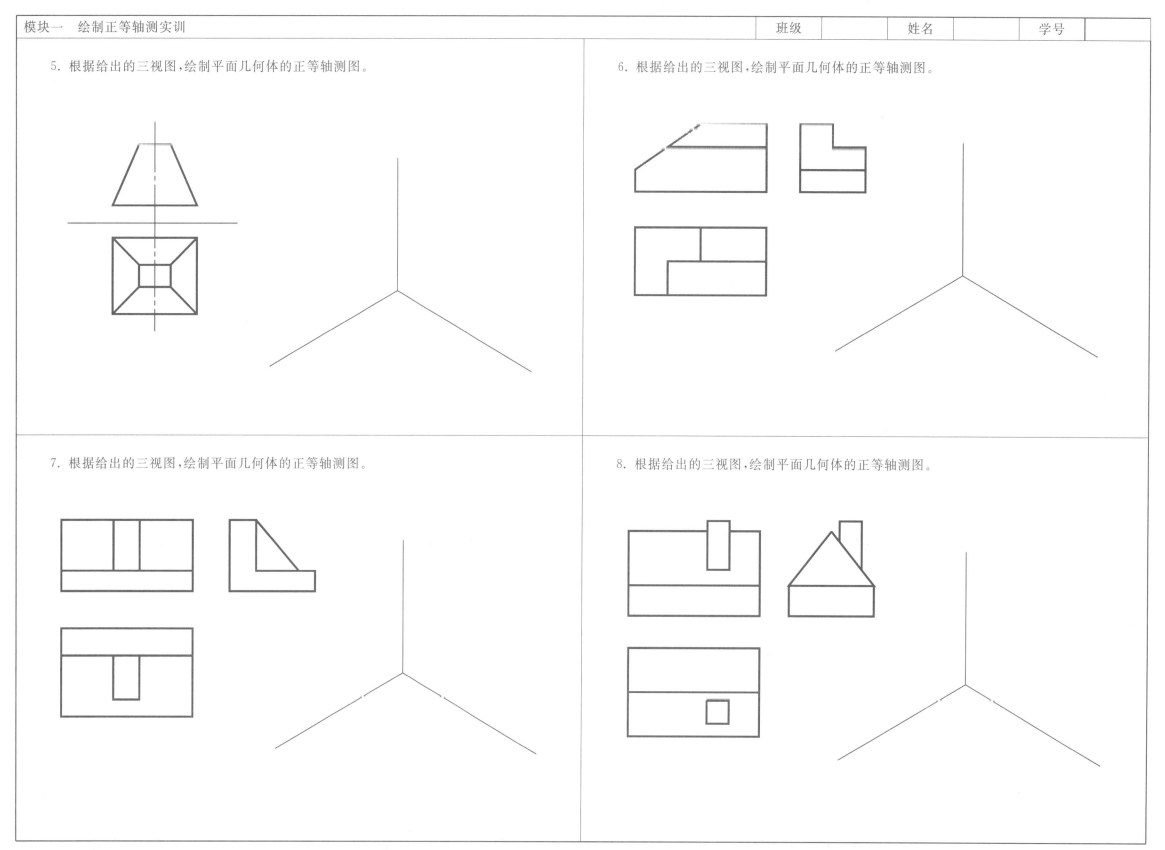

任务四　绘制轴测投影

9. 根据给出的三视图,绘制平面几何体的斜二轴测图。

任务五 绘制剖面图与断面图

1. 绘制出下面形体的 1—1、2—2 剖面图。

任务五　绘制剖面图与断面图

2. 绘制下面形体的半剖面图(材料为钢筋混凝土)。

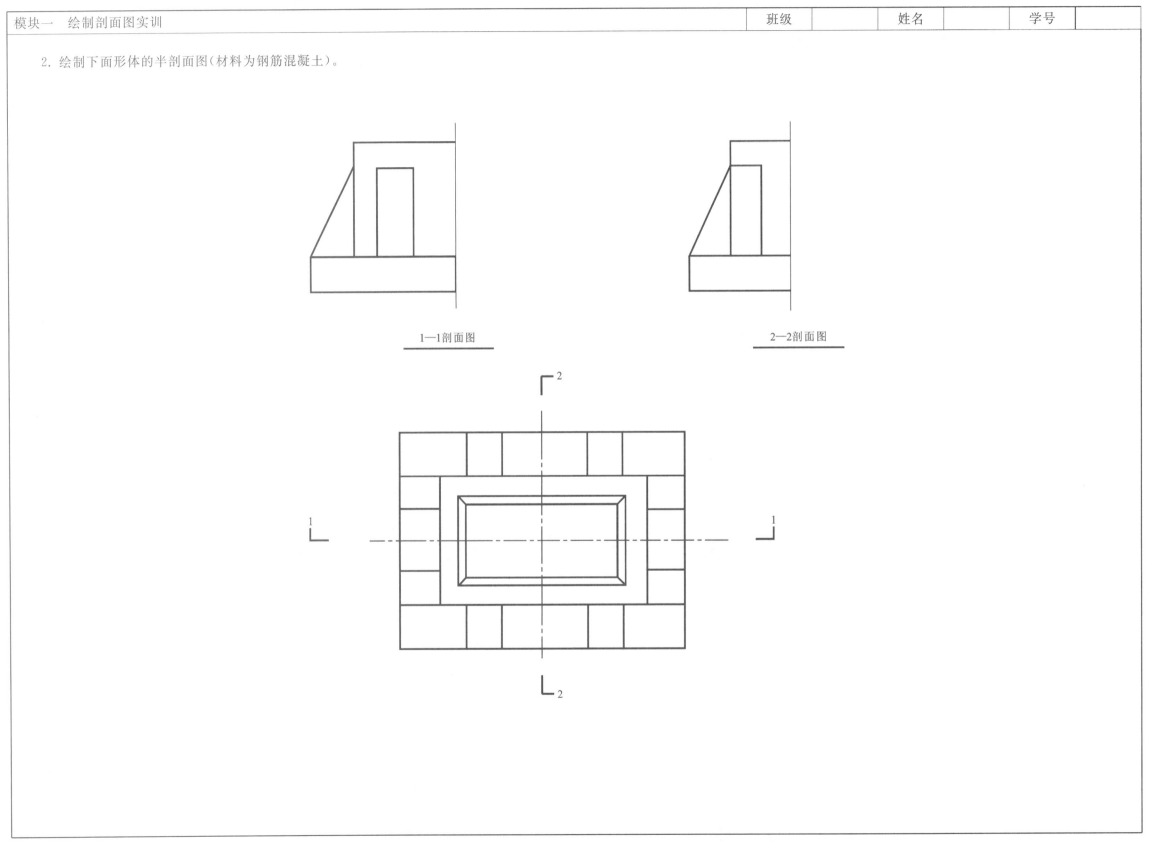

1—1剖面图　　　　　　　　　2—2剖面图

任务五　绘制剖面图与断面图

3. 绘制下面形体的1—1剖面图（材料为黏土砖）。

4. 绘制下面形体的1—1阶梯剖面图（材料为黏土砖）。

5. 将下面形体的立面图改为剖面图（材料为素混凝土）。

6. 绘制下面形体的剖面图（材料为石材）。

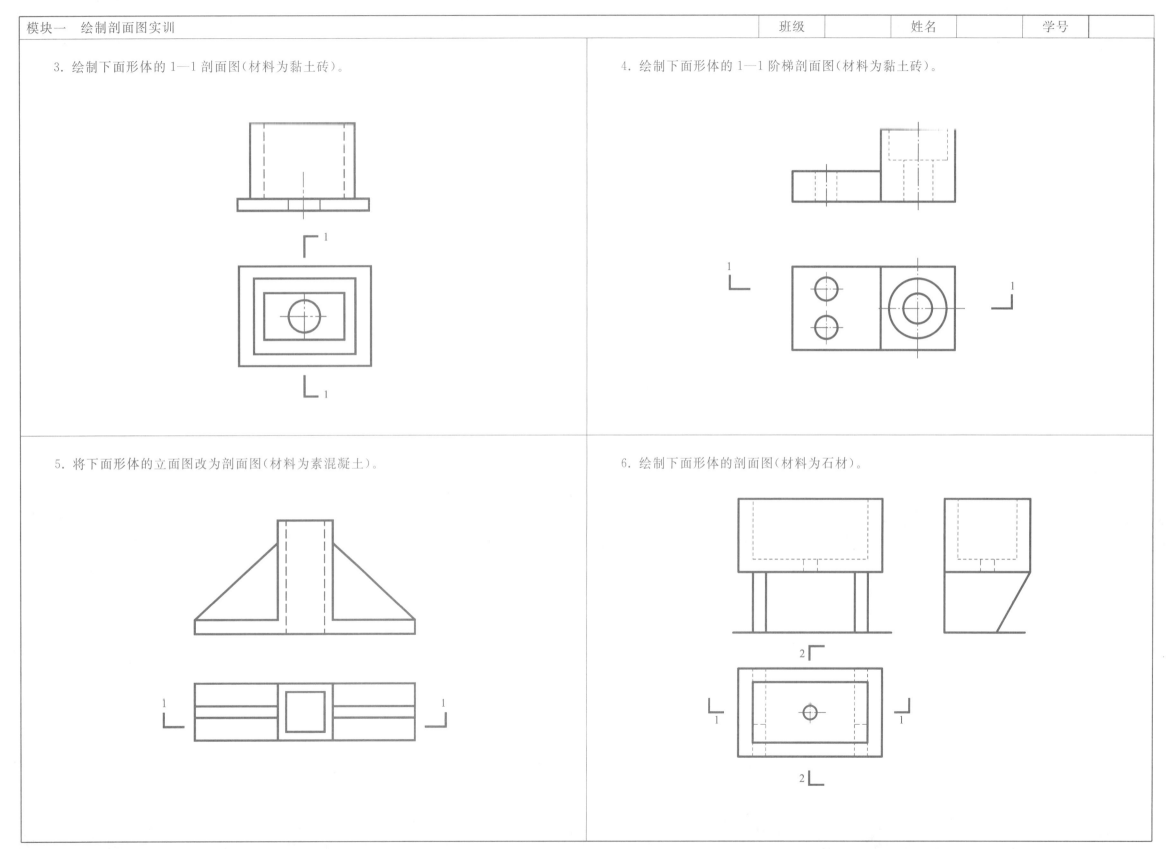

任务五　绘制剖面图与断面图

班级		姓名		学号	

7. 绘制下面形体的 1—1 阶梯剖面图（材料为钢筋混凝土）。

8. 绘制下面形体的 1—1 全剖面图和 2—2 半剖面图（材料为钢筋混凝土）。

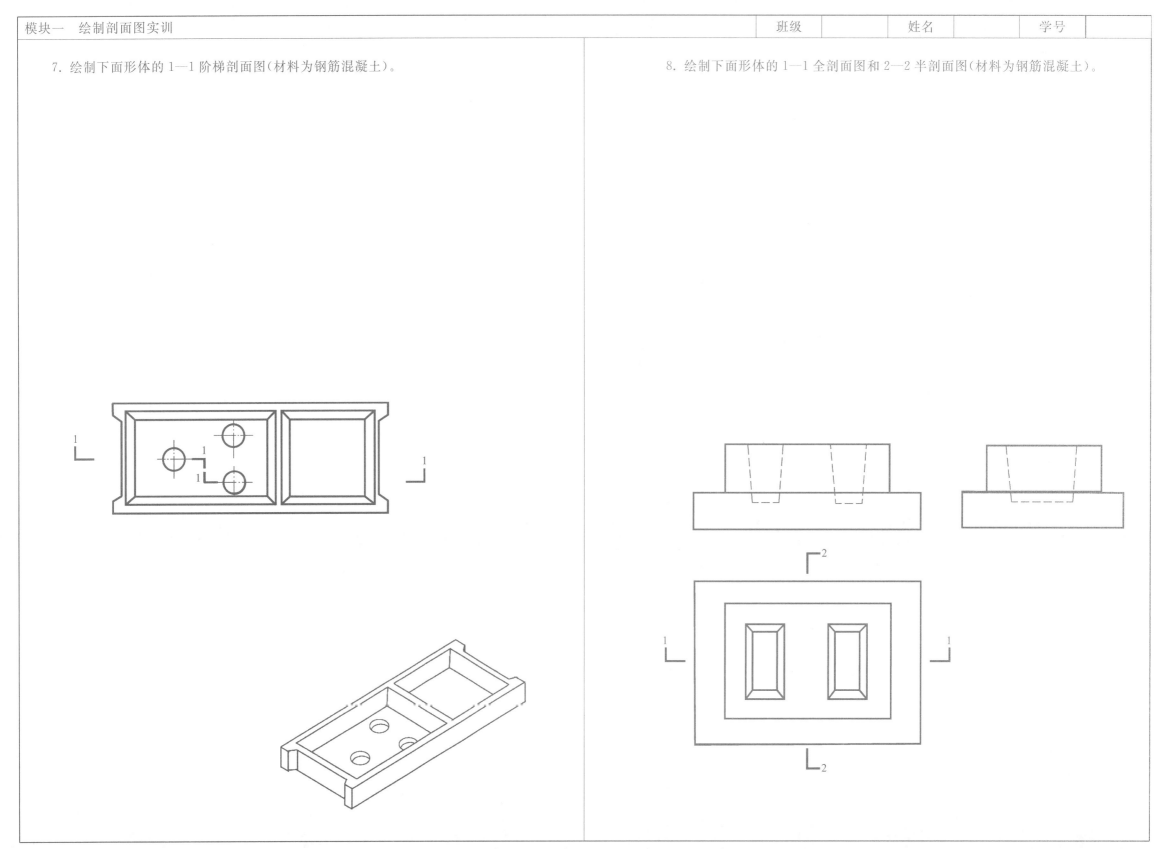

任务五 绘制剖面图与断面图

班级		姓名		学号	

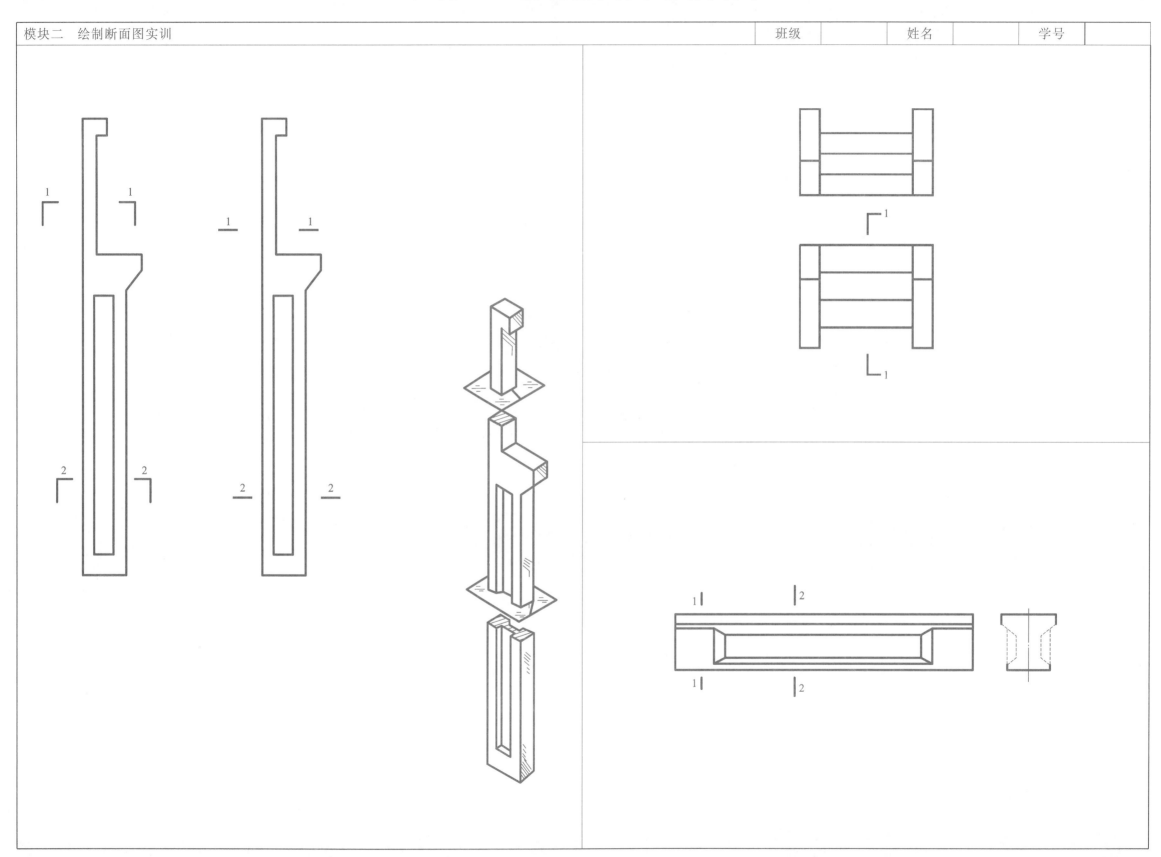

任务六　建筑施工图

学会识读建筑总平面图。

1. 了解图名、比例。
2. 了解工程性质、用地范围、地形地貌和周围环境情况。
3. 了解建筑的朝向和风向。
4. 了解新建建筑的准确位置。
5. 了解道路与绿化。

写出下列图例名称：

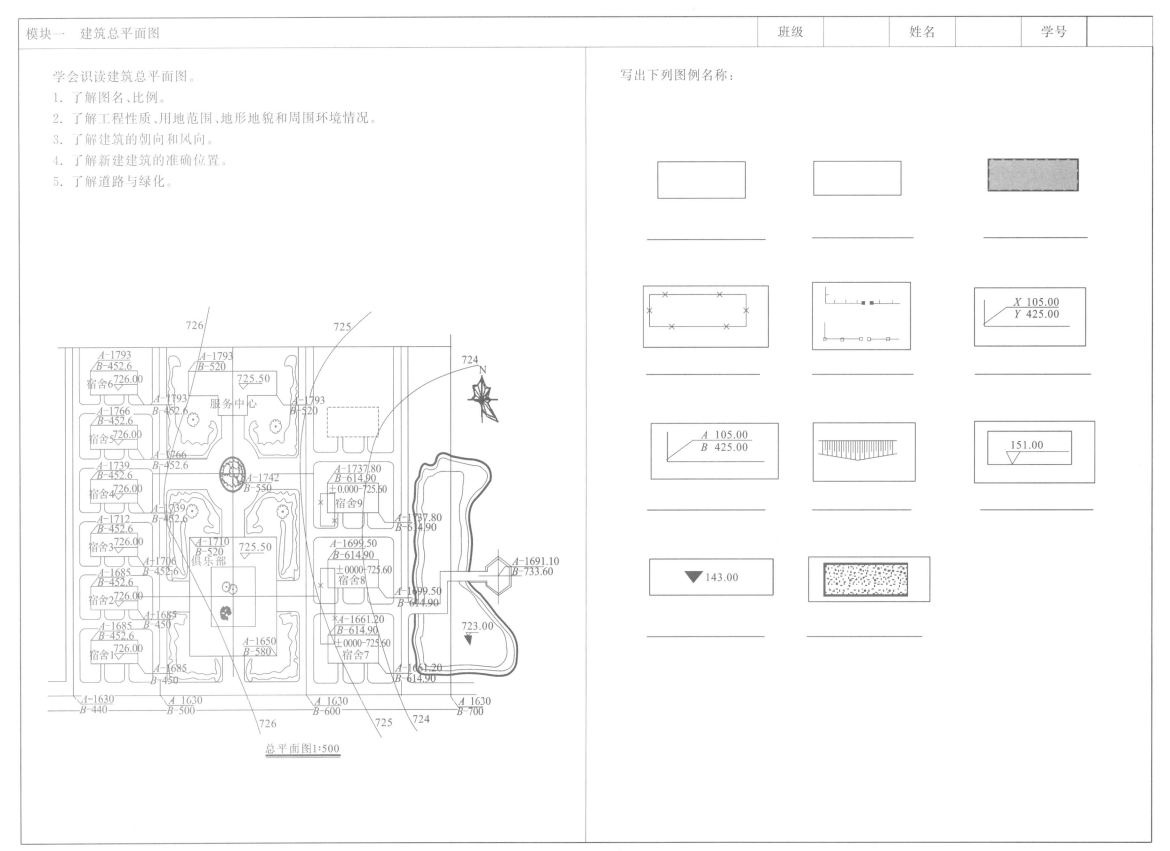

总平面图1:500

任务六　建筑施工图

识图答题：

1. 建筑平面图是使用一个假想的_____面，沿_____的位置剖切房屋后，移去上面部分，向下作出的水平剖面图，简称平面图。

2. 平面图反映了房屋的_____门窗的类型和位置等，是施工图中最基本的图样之一。

3. 本建筑为_____结构的建筑，建筑的总长为_____，总宽为_____。厕所的标高比其他地面标高降低了_____。

4. 本建筑11号轴线和12号轴线之间窗子的宽度是_____，储藏室门的宽度是_____，实训教室门的宽度是_____。

5. 建筑平面图中有3道尺寸，最里面的一道尺寸表示_____，中间一道表示_____，最外面的一道表示_____。

6. 本建筑中教室的开间尺寸是_____，进深尺寸是_____。

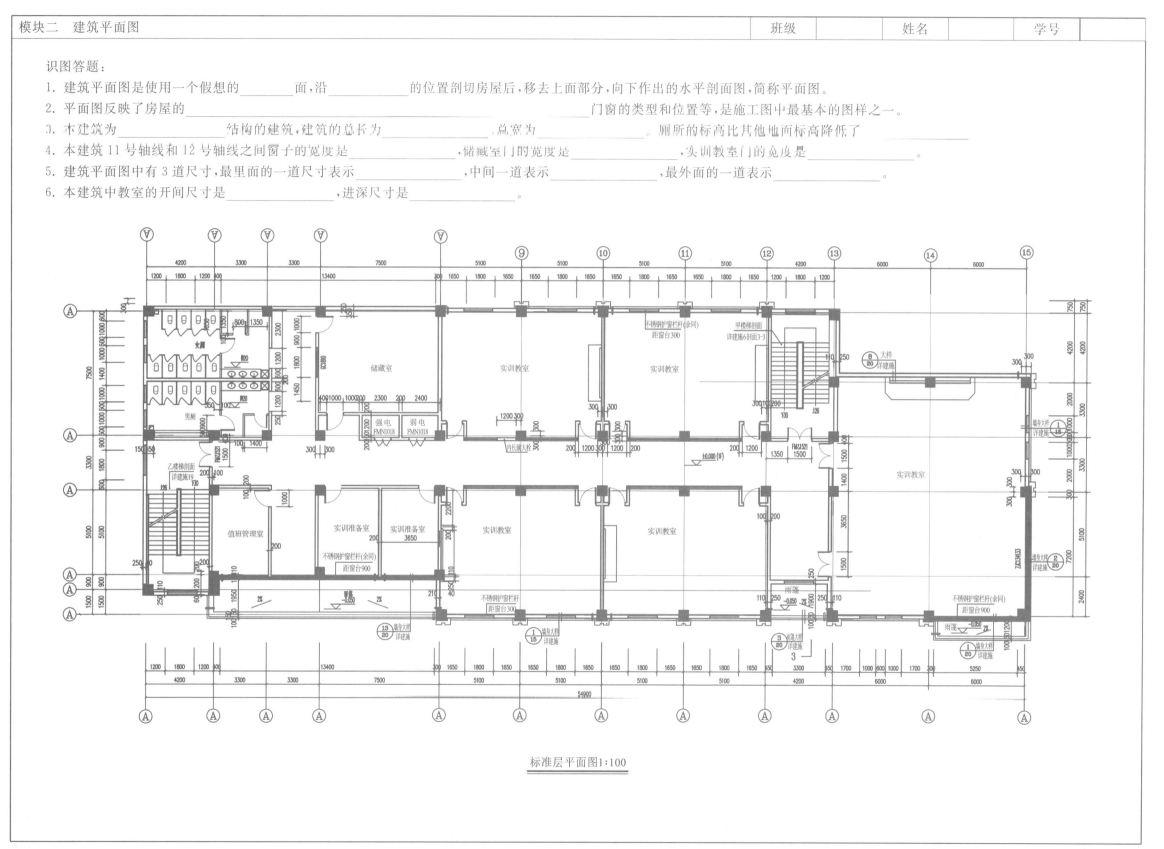

标准层平面图1:100

任务六 建筑施工图

模块二 建筑平面图　　　　　班级　　　　姓名　　　　学号

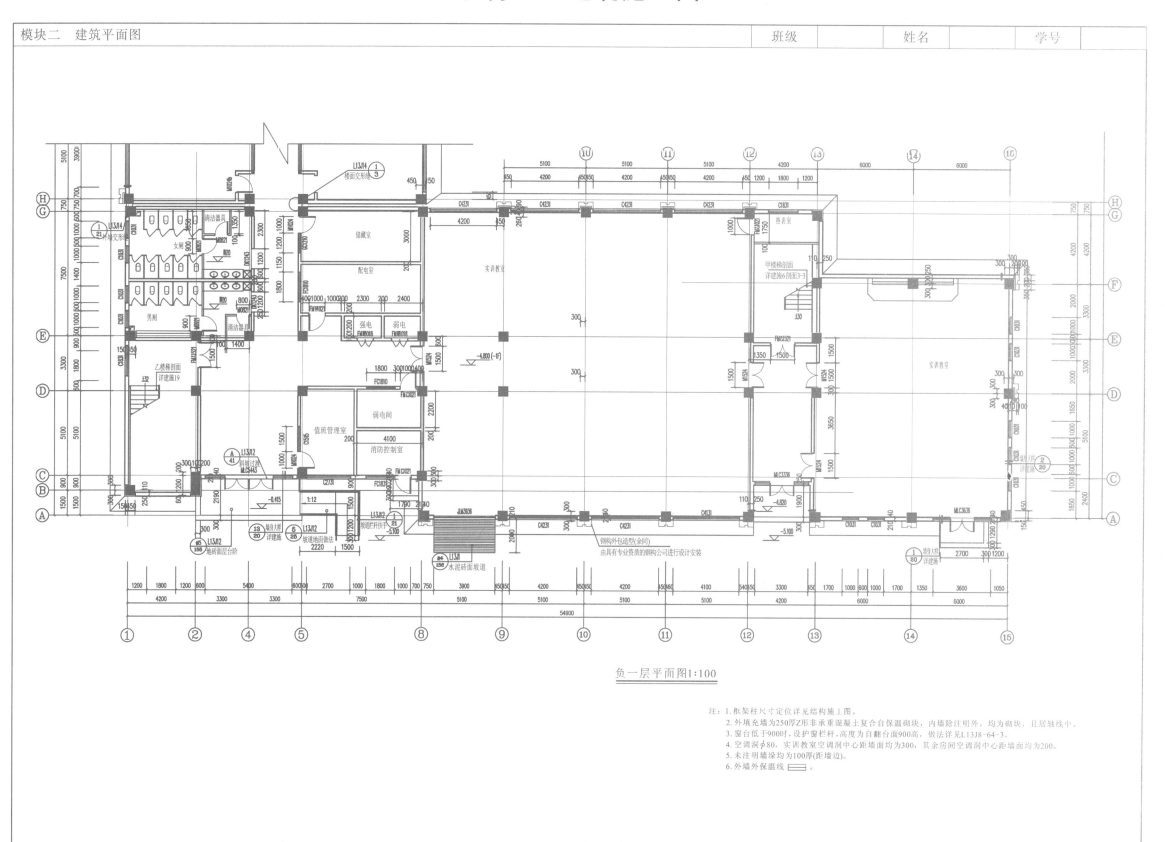

负一层平面图1:100

注：1.框架柱尺寸定位详见结构施工图。
　　2.外填充墙为250厚Z形非承重混凝土复合自保温砌块，内墙除注明外，均为砌块，且居轴线中。
　　3.窗台低于900时，设护窗栏杆，高度为自翻台面900高，做法详见L13J8－64－3。
　　4.空调洞φ80，实训教室空调洞中心距墙面均为300，其余房间空调洞中心距墙面均为200。
　　5.未注明墙垛均为100厚(距墙边)。
　　6.外墙外保温线 ▭▭ 。

任务六 建筑施工图

班级	姓名	学号

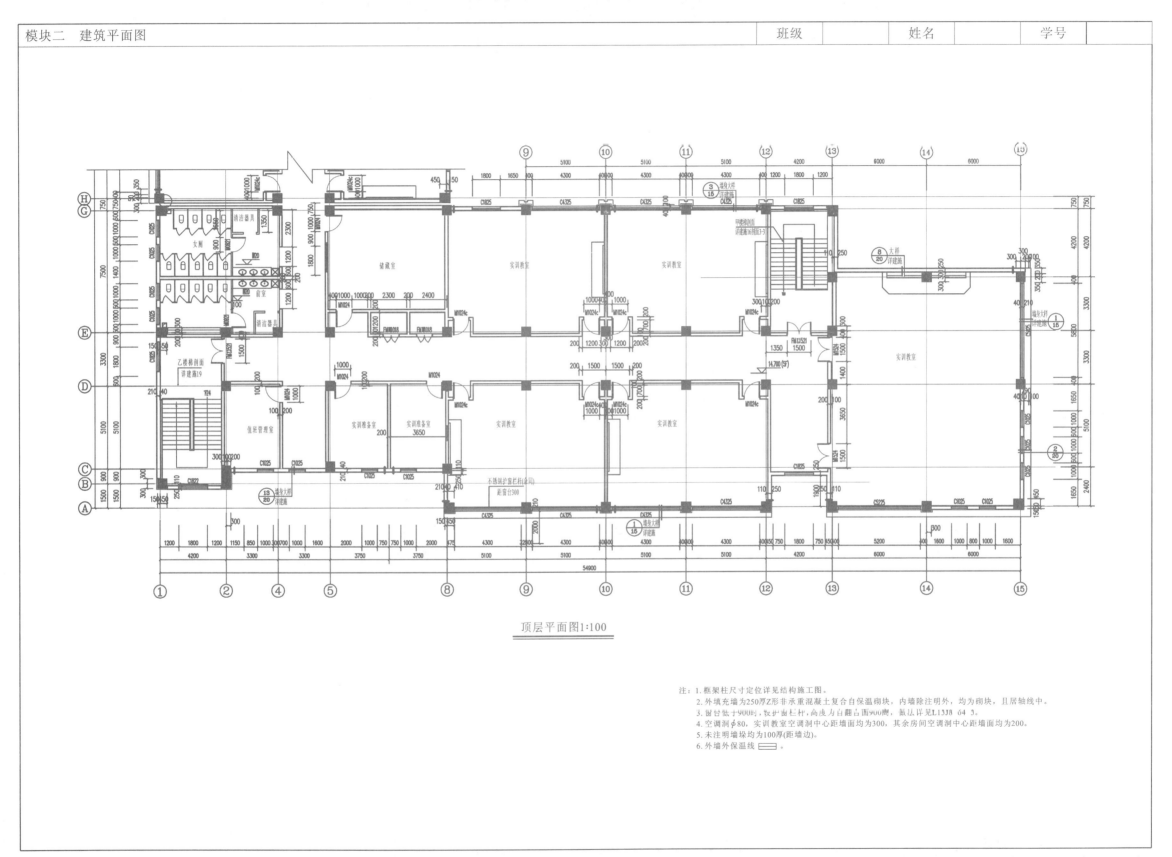

顶层平面图1:100

注：1. 框架柱尺寸定位详见结构施工图。
2. 外填充墙为250厚Z形非承重混凝土复合自保温砌块，内墙除注明外，均为砌块，且居轴线中。
3. 窗台低于900时，按护窗栏杆，高度为自翻台面900高，做法详见L13J8 64 3。
4. 空调洞φ80，实训教室空调洞中心距墙面均为300，其余房间空调洞中心距墙面均为200。
5. 未注明墙垛均为100厚(距墙边)。
6. 外墙外保温线 ▭。

任务六　建筑施工图

立面图的构成：

1. 反映建筑物的外形轮廓和各部分构件的形状及相互关系；
2. 标注外墙各部分的装饰材料、做法；
3. 建筑各部分的标高；
4. 两端有定位轴线和编号。

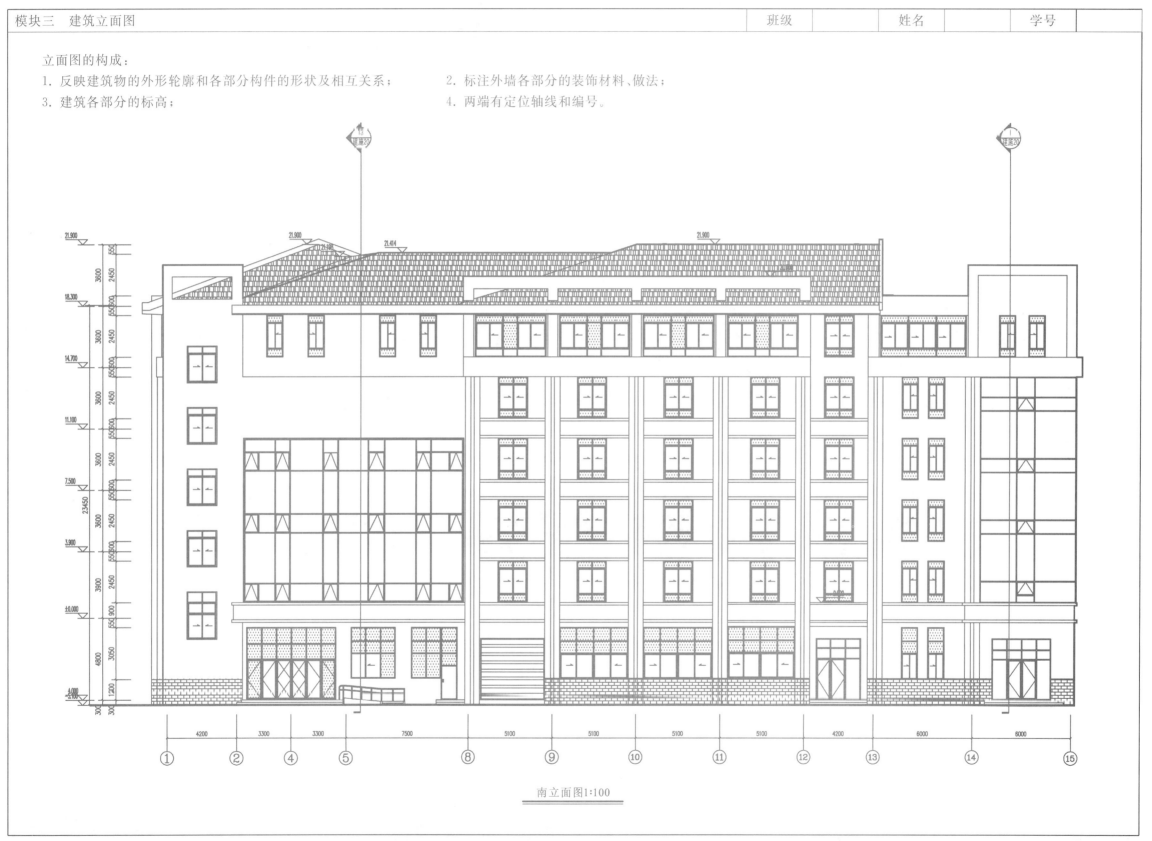

南立面图1:100

模块三　建筑立面图　　　　　　　　　　　　　　　班级　　　　　姓名　　　　　学号

为了加强图面效果,使外形清晰、重点突出,在立面图上往往选用不同线型:

1. 屋脊和外墙等最外轮廓用粗实线表示;

2. 室外地坪线用特粗线(线宽为粗实线的 1.4 倍左右)表示;

3. 门窗洞口、檐口、阳台、雨篷、台阶等用中实线表示;

4. 其余的,如墙面分隔线、门窗格子、栏杆、雨水管以及引出线等均用细实线表示。

立面图的绘图方法与步骤如下。

第一步:画室外地平线、横向定位轴线、室内地坪线、楼面线、屋顶线和建筑物外轮廓线。

第二步:画各层门窗洞口线。

第三步:画墙面细部,如阳台、窗台、楣线、门窗细部分格、壁柱、室外台阶、花池等。

第四步:检查无误后,按立面图的线型要求进行图线加深。

第五步:标注标高、首尾轴线、书写墙面装修文字、图名、比例等,说明文字一般用 5 号字,
图名用 10~14 号字。

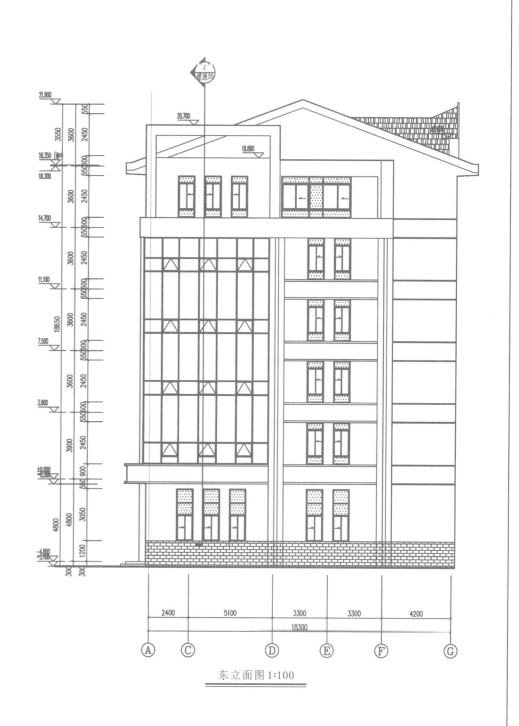

东立面图 1:100

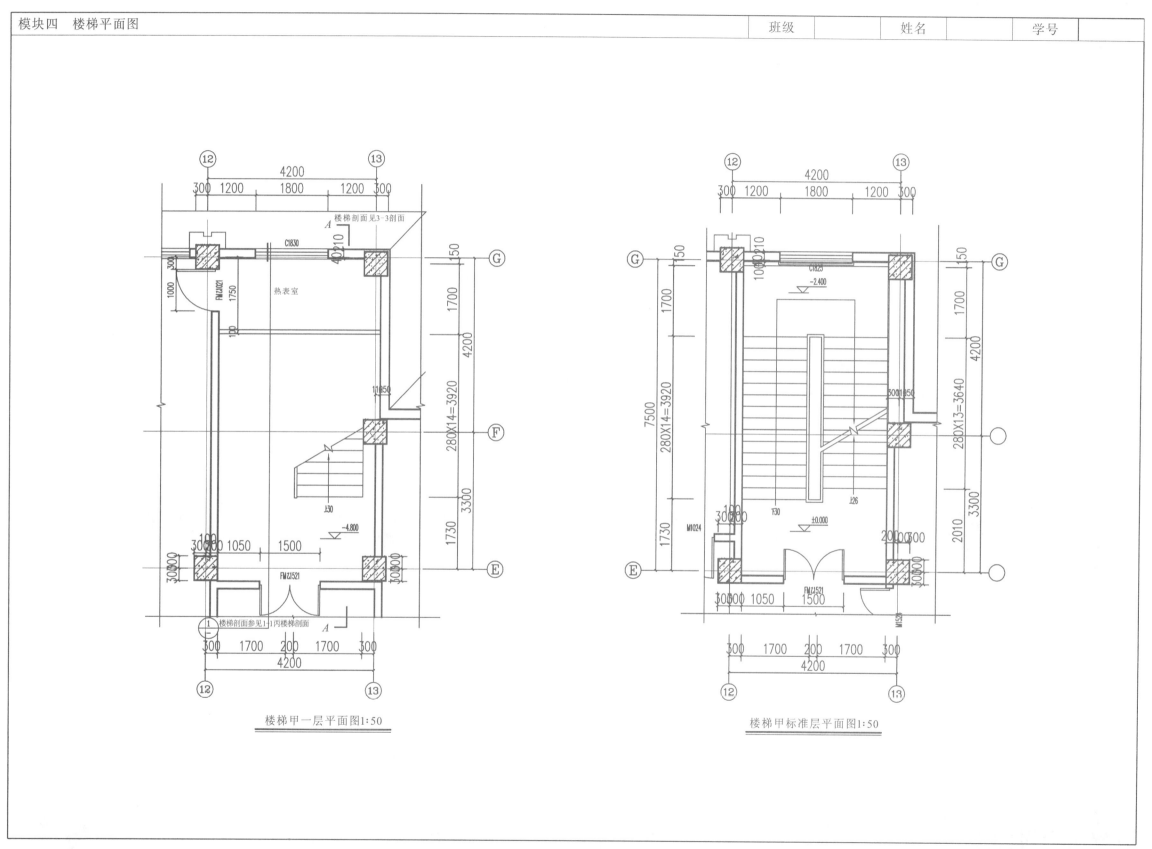

楼梯甲一层平面图1:50

楼梯甲标准层平面图1:50

任务六　建筑施工图

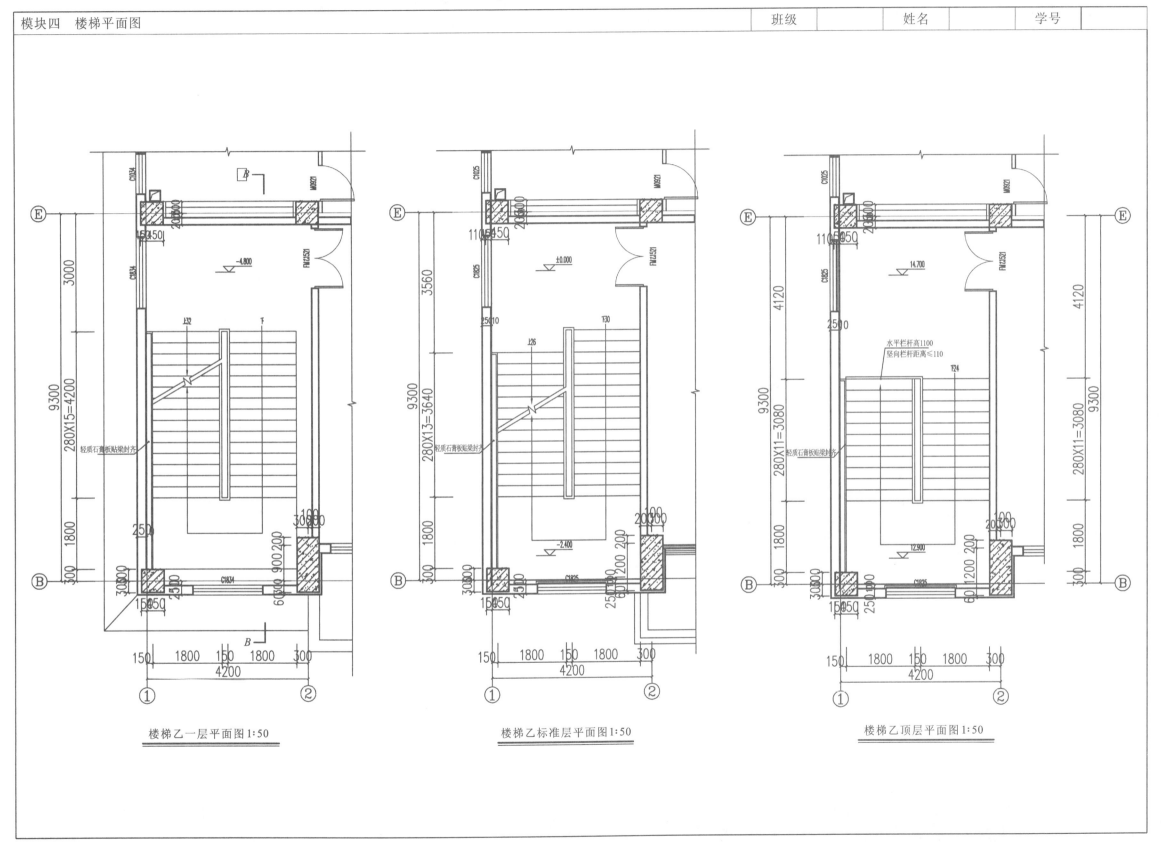

楼梯乙一层平面图1:50　　　　楼梯乙标准层平面图1:50　　　　楼梯乙顶层平面图1:50

任务六 建筑施工图

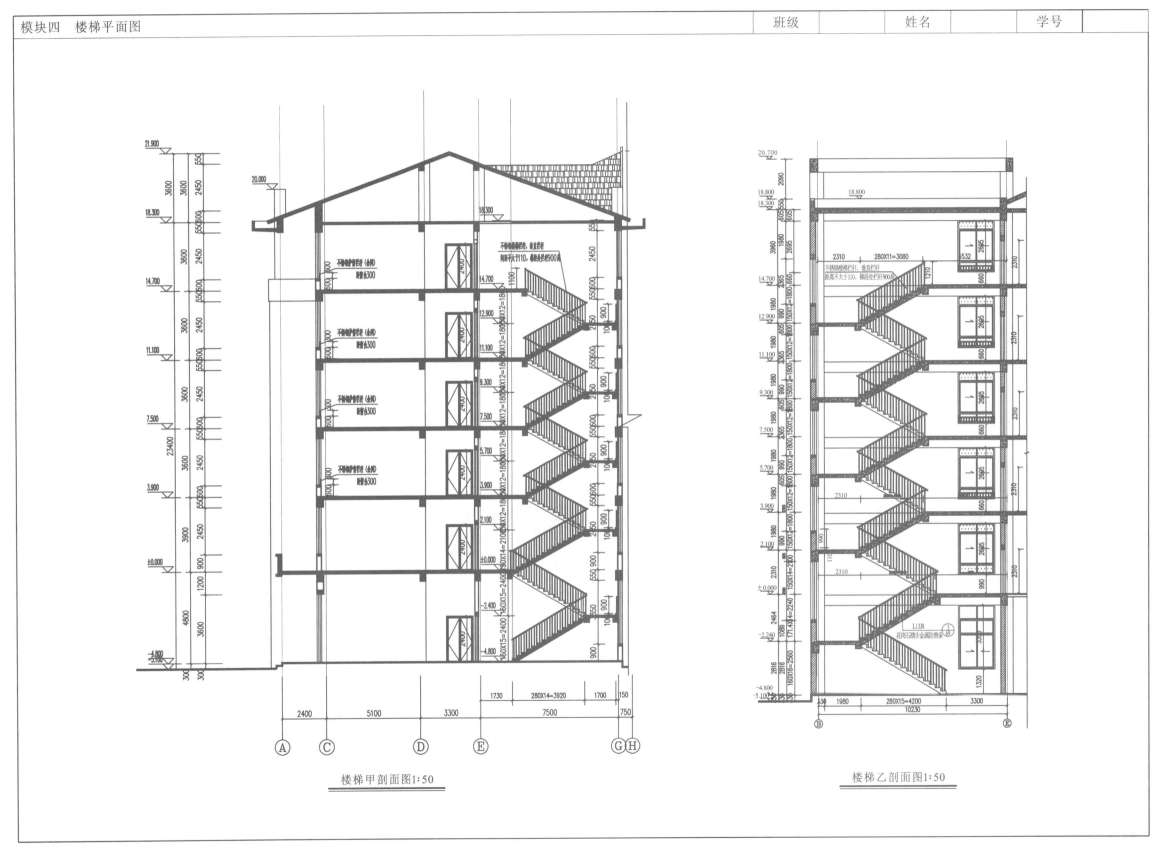

楼梯甲剖面图1:50

楼梯乙剖面图1:50

任务六　建筑施工图

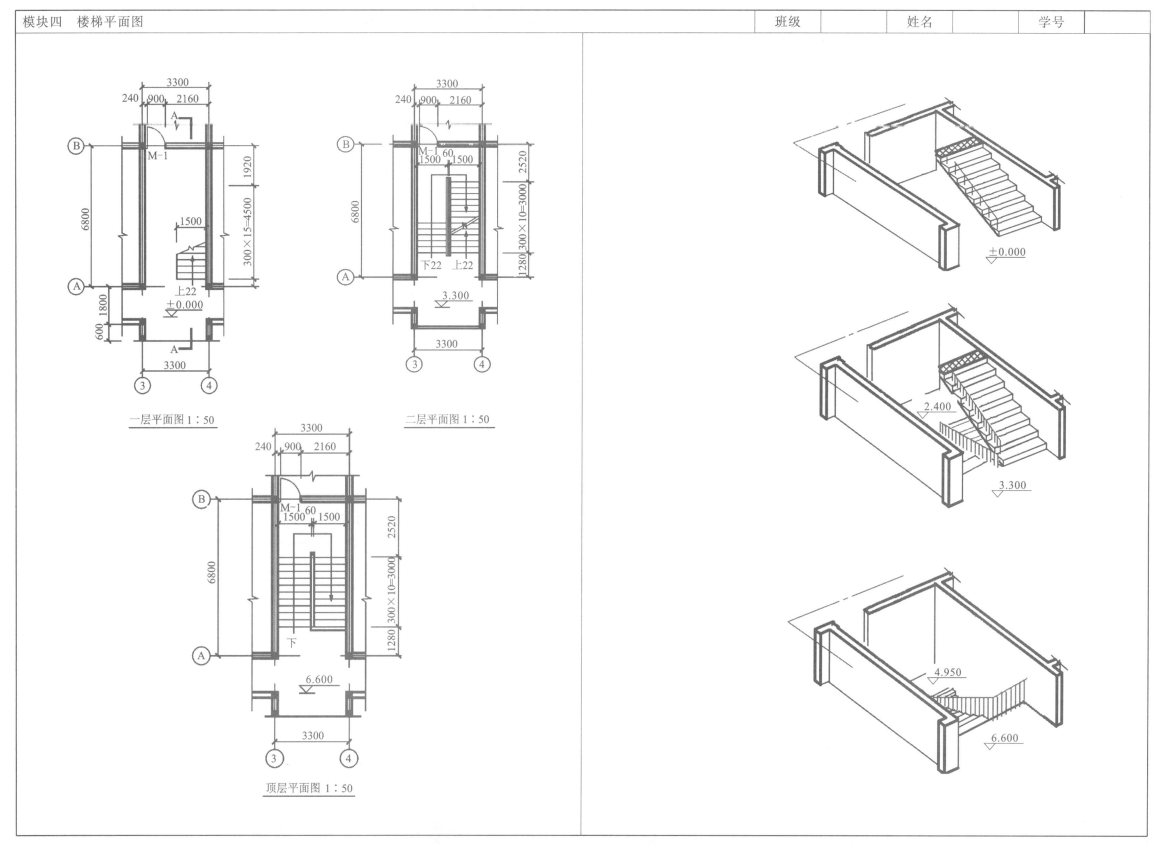

一层平面图 1：50

二层平面图 1：50

顶层平面图 1：50

任务六　建筑施工图

为了使图上的内容主次分明，清晰易看，在绘制工程图时，采用不同的线型和不同粗细的图线来表示不同的意义和用途。并应按《房屋建筑制图统一标准》选用（图 2.1.1-1～图 2.1.1-3）例如：

实线	粗	——	b	1. 平、剖面图中被剖切的主要建筑构造（包括构配件）的轮廓线； 2. 建筑立面图或室内立面图的外轮廓线； 3. 建筑构造详图中被剖切的主要部分的轮廓线； 4. 建筑构配件详图中的外轮廓线； 5. 平、立、剖面的剖切符号。
	中粗	——	$0.7b$	1. 平、剖面图中被剖切的次要建筑构造（包括构配件）的轮廓线； 2. 建筑平、立、剖面图中建筑构配件的轮廓线； 3. 建筑构造详图及建筑构配件详图中的一般轮廓线。
	中	——	$0.5b$	小于 $0.7b$ 的图形线、尺寸界限、索引符号、标高符号、详图材料做法引出线、粉刷线、保温层线、地面、墙面的高差分界线等。
	细	——	$0.25b$	图例填充线、家具线、纹样线等。

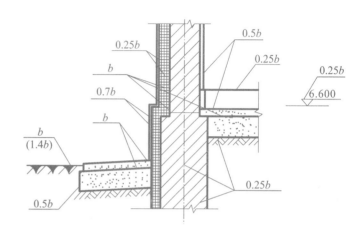

墙身剖面图图线宽度选用示例

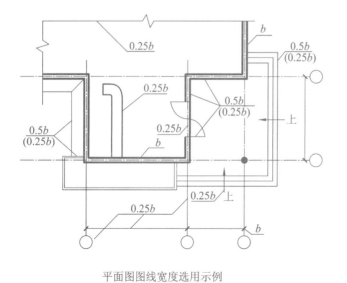

平面图图线宽度选用示例

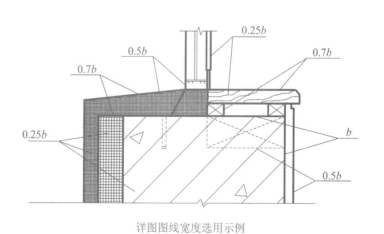

详图图线宽度选用示例

任务七　结构施工图

1. 标注钢筋的根数和直径。

2 Φ 16

2. 标注钢筋的直径和相邻钢筋中心距。

Φ 8 @ 150

3. 柱截面配筋图绘制步骤。

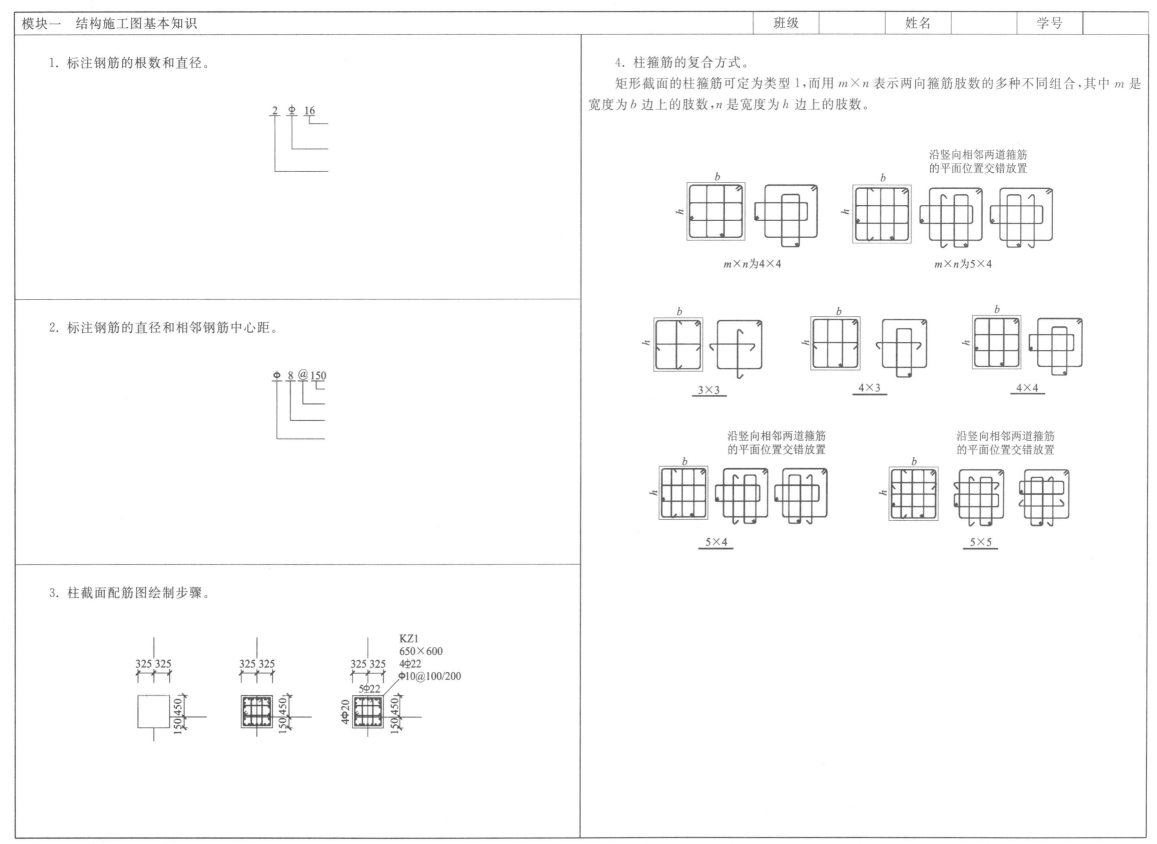

325 325

325 325

325 325

KZ1
650×600
4Φ22
Φ10@100/200
5Φ22
4Φ20

4. 柱箍筋的复合方式。

矩形截面的柱箍筋可定为类型1,而用 $m \times n$ 表示两向箍筋肢数的多种不同组合,其中 m 是宽度为 b 边上的肢数,n 是宽度为 h 边上的肢数。

沿竖向相邻两道箍筋
的平面位置交错放置

$m \times n$ 为4×4　　　　$m \times n$ 为5×4

3×3　　　　4×3　　　　4×4

沿竖向相邻两道箍筋
的平面位置交错放置　　　沿竖向相邻两道箍筋
的平面位置交错放置

5×4　　　　5×5

任务七 结构施工图

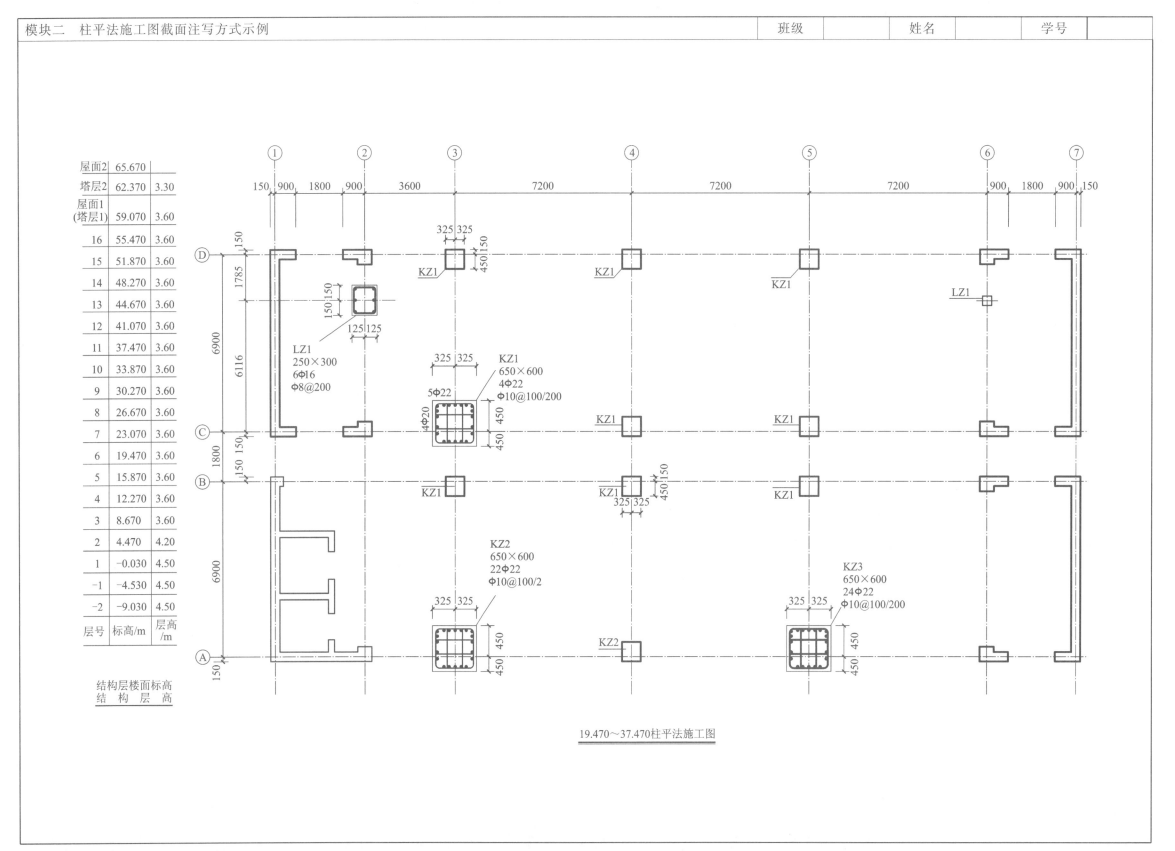

层号	标高/m	层高/m
屋面2	65.670	
塔层2	62.370	3.30
屋面1(塔层1)	59.070	3.60
16	55.470	3.60
15	51.870	3.60
14	48.270	3.60
13	44.670	3.60
12	41.070	3.60
11	37.470	3.60
10	33.870	3.60
9	30.270	3.60
8	26.670	3.60
7	23.070	3.60
6	19.470	3.60
5	15.870	3.60
4	12.270	3.60
3	8.670	3.60
2	4.470	4.20
1	−0.030	4.50
−1	−4.530	4.50
−2	−9.030	4.50

结构层楼面标高
结 构 层 高

19.470～37.470柱平法施工图

任务七　结构施工图

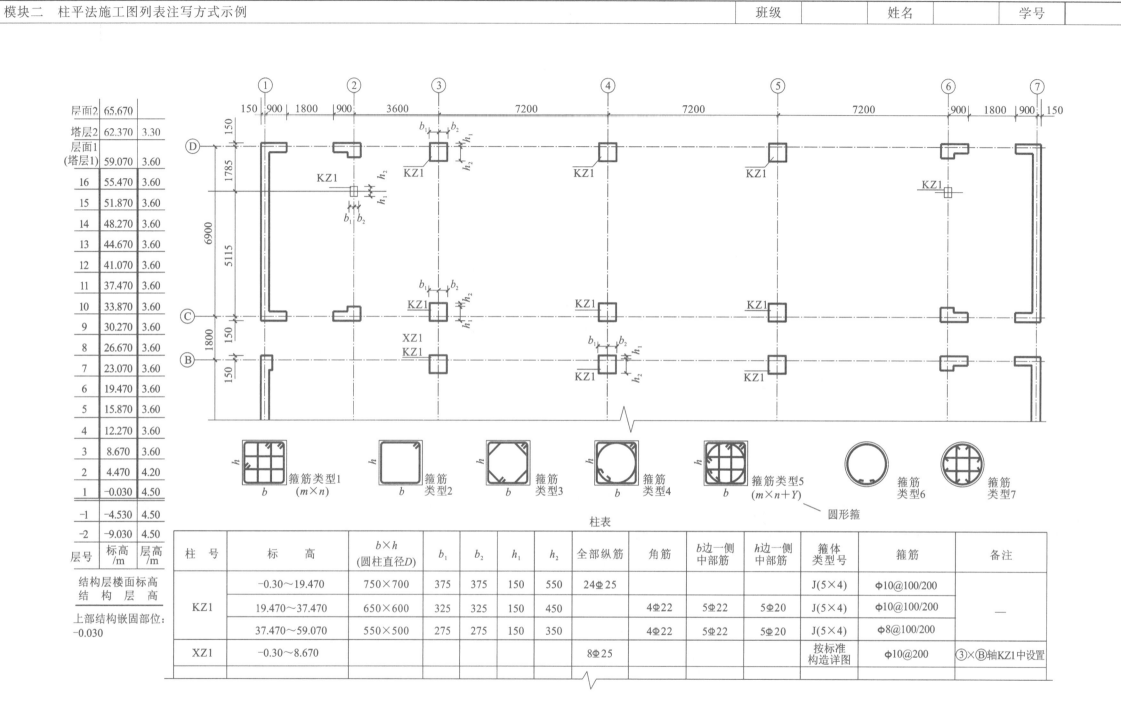

柱表

柱　号	标　　高	$b \times h$ (圆柱直径D)	b_1	b_2	h_1	h_2	全部纵筋	角筋	b边一侧中部筋	h边一侧中部筋	箍体类型号	箍筋	备注
KZ1	$-0.30 \sim 19.470$	750×700	375	375	150	550	24Φ25			5Φ20	J(5×4)	Φ10@100/200	
	$19.470 \sim 37.470$	650×600	325	325	150	450		4Φ22	5Φ22	5Φ20	J(5×4)	Φ10@100/200	—
	$37.470 \sim 59.070$	550×500	275	275	150	350		4Φ22	5Φ22	5Φ20	J(5×4)	Φ8@100/200	
XZ1	$-0.30 \sim 8.670$						8Φ25				按标准构造详图	Φ10@200	③×Ⓑ轴KZ1中设置

箍筋类型1 (m×n)　箍筋类型2　箍筋类型3　箍筋类型4　箍筋类型5 (m×n+Y)　箍筋类型6　箍筋类型7
圆形箍

结构层楼面标高
结构层高
上部结构嵌固部位：-0.030

层号	标高/m	层高/m
层面2	65.670	
塔层2	62.370	3.30
层面1(塔层1)	59.070	3.60
16	55.470	3.60
15	51.870	3.60
14	48.270	3.60
13	44.670	3.60
12	41.070	3.60
11	37.470	3.60
10	33.870	3.60
9	30.270	3.60
8	26.670	3.60
7	23.070	3.60
6	19.470	3.60
5	15.870	3.60
4	12.270	3.60
3	8.670	3.60
2	4.470	4.20
1	-0.030	4.50
-1	-4.530	4.50
-2	-9.030	4.50

注：1.如采用非对称配筋，需在柱表中增加相应栏目分别表示各边的中部筋。
　　2.抗震设计时箍筋对纵筋至少隔一拉一。
　　3.类型1、5的箍筋肢数可有多种组合，右图为5×4的组合，其余类型为固定形式，在表中只注类型号即可。

箍筋类型I(5×4)

$\underline{-0.030 \sim 59.070柱平法施工图(局部)}$

任务七　结构施工图

识图绘制柱的钢筋排布图。

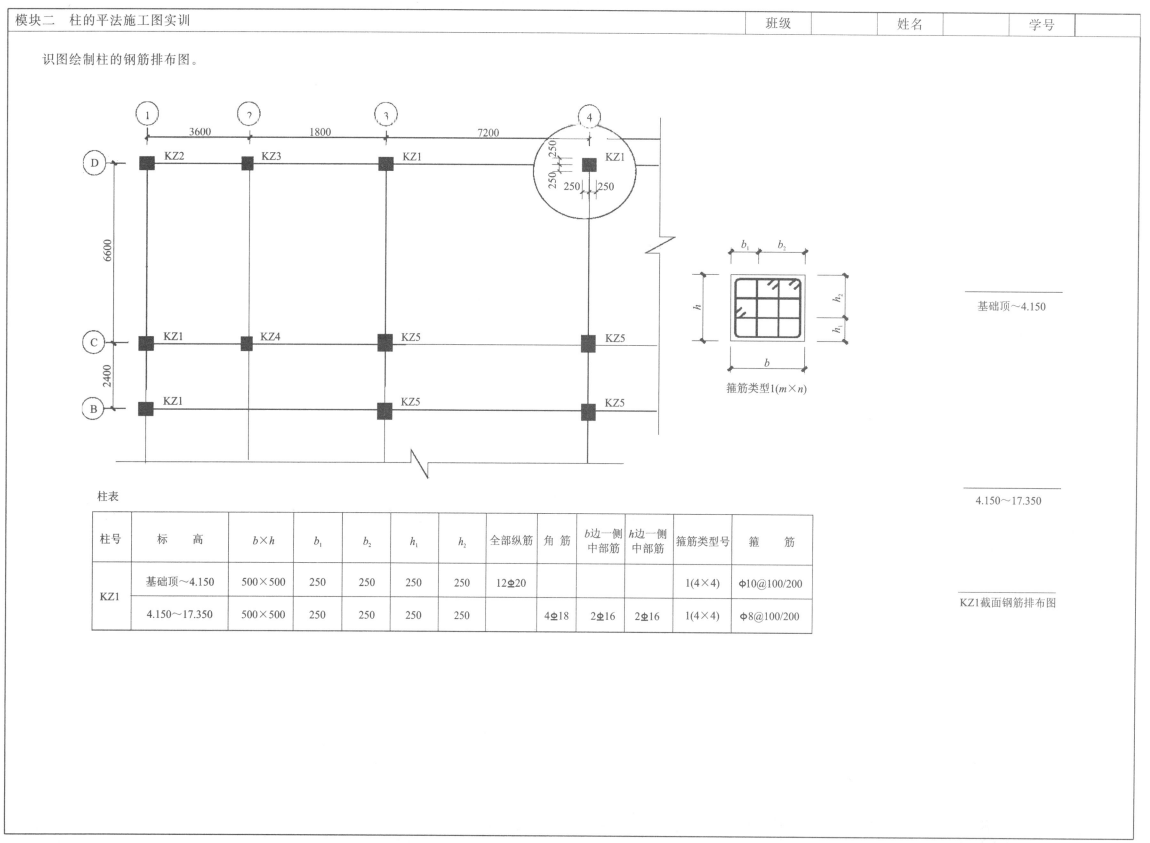

箍筋类型1($m×n$)

基础顶～4.150

4.150～17.350

KZ1截面钢筋排布图

柱表

柱号	标　高	$b×h$	b_1	b_2	h_1	h_2	全部纵筋	角筋	b边一侧中部筋	h边一侧中部筋	箍筋类型号	箍　筋
KZ1	基础顶～4.150	500×500	250	250	250	250	12Φ20				1(4×4)	Φ10@100/200
	4.150～17.350	500×500	250	250	250	250		4Φ18	2Φ16	2Φ16	1(4×4)	Φ8@100/200

任务七　结构施工图

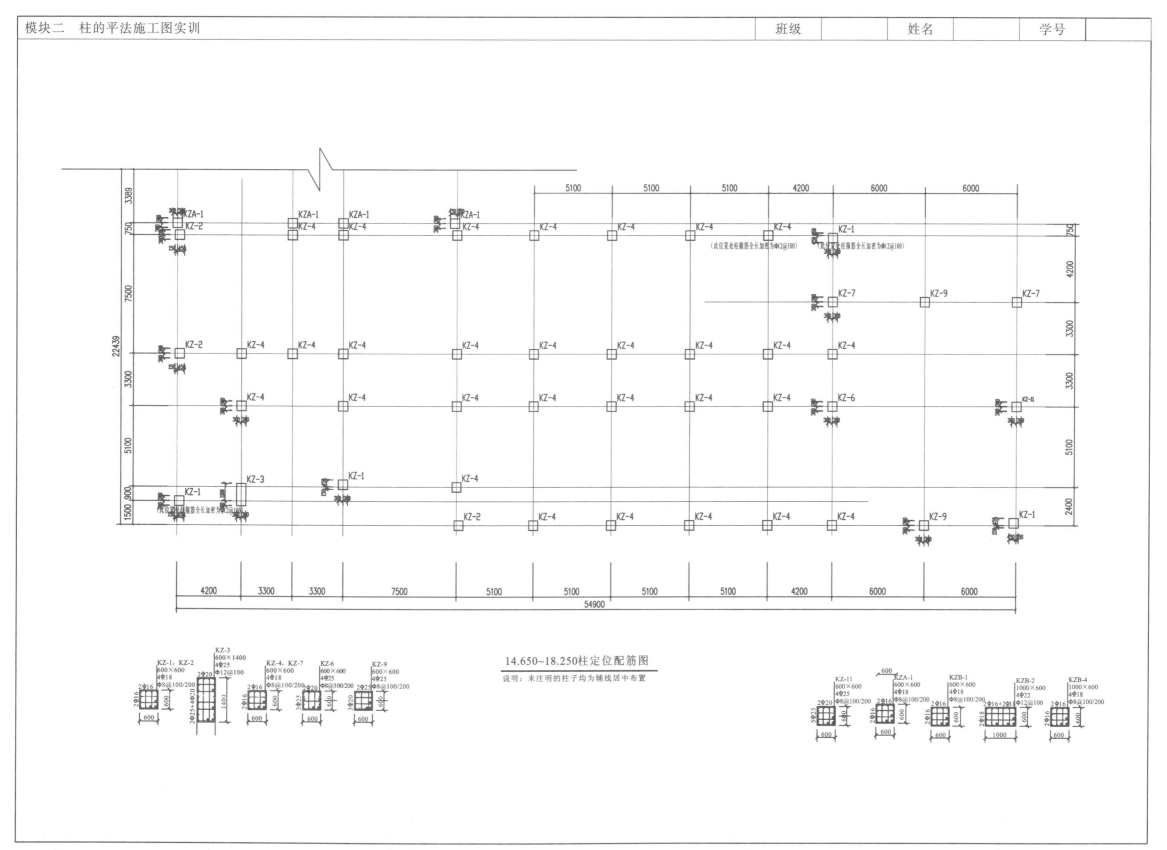

5100　5100　5100　4200　6000　6000

3389

KZA-1　　KZA-1　KZA-1　　KZA-1

750
KZ-2　KZ-4　KZ-4　KZ-4　KZ-4　KZ-4　KZ-4　KZ-1

750
4200

（此位置处柱箍筋全长加密为Φ12@100）　（此位置处柱箍筋全长加密为Φ12@100）

7500

KZ-7　KZ-9　KZ-7

3300

22439

KZ-2　KZ-4　KZ-4　KZ-4　KZ-4　KZ-4　KZ-4　KZ-4

3300

KZ-4　KZ-4　KZ-4　KZ-4　KZ-6　KZ-11

3300

5100

KZ-3　KZ-1　KZ-1

5100

900
KZ-1

1500
（此范围内柱箍筋全长加密为Φ12@100）

KZ-2　KZ-4　KZ-4　KZ-4　KZ-4　KZ-4　KZ-9　KZ-1

2400

4200　3300　3300　7500　5100　5100　5100　5100　4200　6000　6000

54900

14.650~18.250柱定位配筋图

说明：未注明的柱子均为辅线居中布置

KZ-1，KZ-2
600×600
4Φ18
2Φ16
Φ8@100/200

KZ-3
600×1400
4Φ25
2Φ20
2Φ25+4Φ20
Φ12@100

KZ-4，KZ-7
600×600
4Φ18
2Φ16
Φ8@100/200

KZ-6
600×600
4Φ25
2Φ16
Φ8@100/200

KZ-9
600×600
4Φ25
3Φ20
Φ8@100/200

KZ-11
600×600
4Φ25
5Φ25
Φ8@100/200

KZA-1
600×600
4Φ25
2Φ16
Φ8@100/200

KZB-1
600×600
4Φ18
2Φ16
Φ8@100/200
Φ16+2Φ18

KZB-2
1000×600
4Φ22
2Φ18
Φ12@100

KZB-4
1000×600
4Φ18
2Φ16
Φ8@100/200

任务七 结构施工图

1. 梁的平面注写方式与截面注写方式对比。

2. 梁的附加箍筋和吊筋构造。

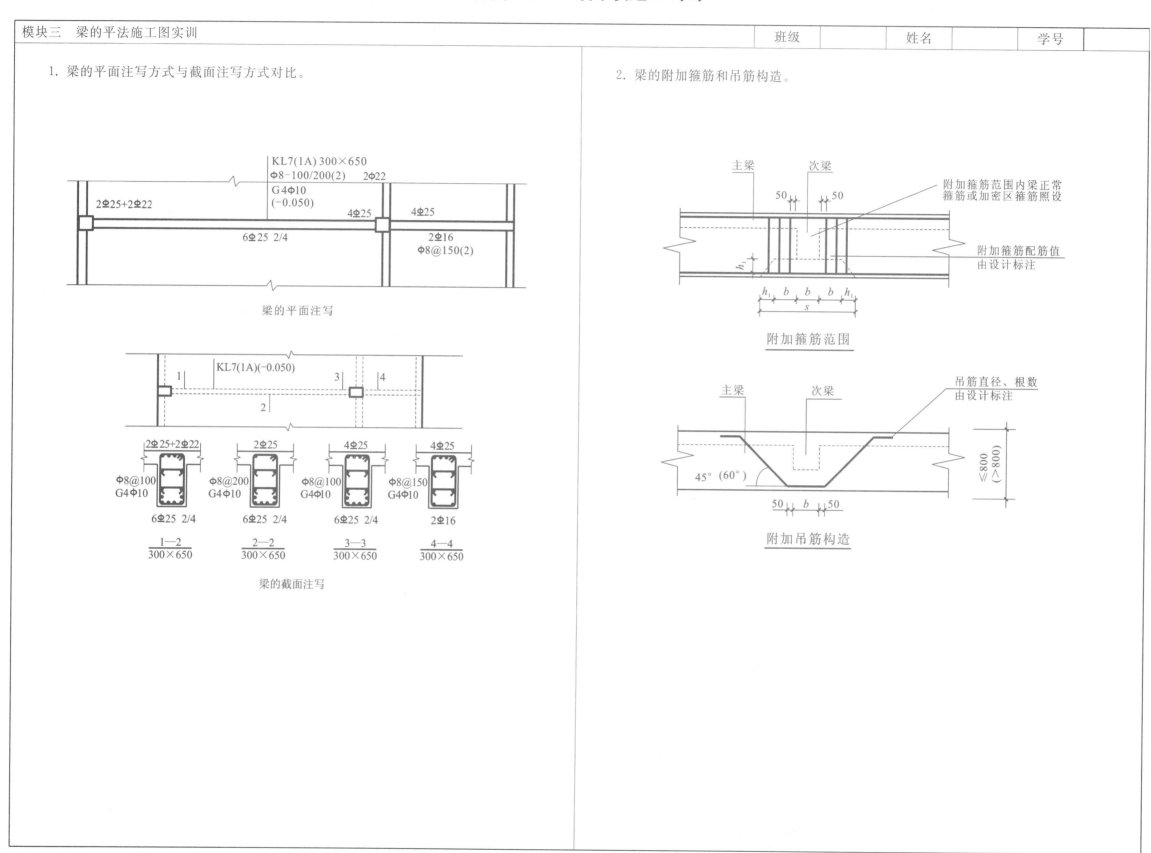

梁的平面注写

梁的截面注写

附加箍筋范围

附加吊筋构造

任务七 结构施工图

3. 梁的平面注写识图作答。

```
KL₂(2A)300×650
Φ8-100/200(2)2Φ25
(-0.100)
```

2Φ25+2Φ22 6Φ25 4/2 4Φ25 4Φ25

6Φ25 2/4 4Φ25 2Φ16

24.950 Φ8@100

① ② ③ Ⓑ

(1) 图中梁为_____号_____梁,有_____跨,_____端有悬挑、梁断面_____。

(2) 此梁箍筋是直径为_____mm 的_____级钢筋,非加密区间距_____,加密区间距_____,_____支箍筋,梁上部贯通直径为_____mm 的_____根_____级钢筋;梁顶相对于楼层标高 24.950 低_____。

(3) 轴线 1 和 2 之间的这跨梁支座上部配_____钢筋,_____排布置。下部配筋为_____,_____排布置。

(4) 轴线 2 和 3 之间的这跨梁支座下部配_____钢筋,_____排布置。悬挑部分的箍筋为_____,全部加密。

任务七　结构施工图

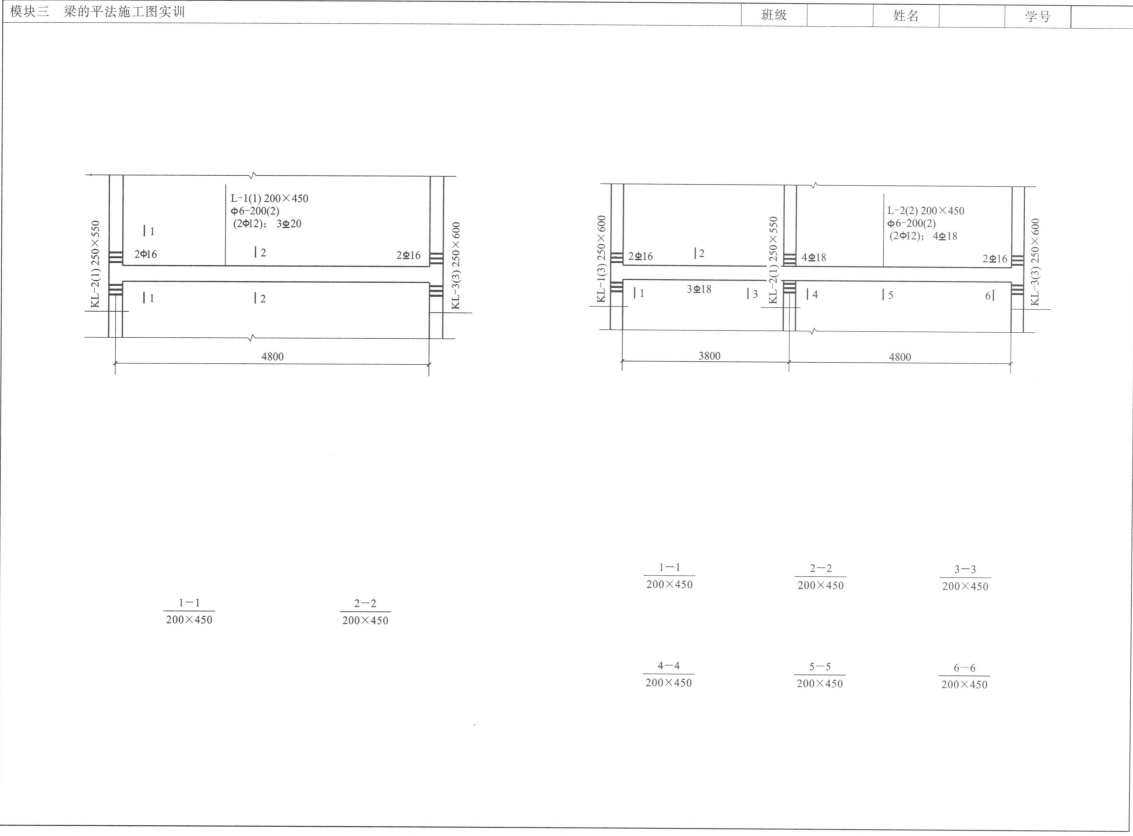

左图梁平法标注：

KL-2(1) 250×550

L-1(1) 200×450
φ6-200(2)
(2Φ12)；3Φ20

KL-3(3) 250×600

2Φ16　　　　　　2Φ16

4800

右图梁平法标注：

KL-1(3) 250×600

KL-2(1) 250×550

KL-3(3) 250×600

L-2(2) 200×450
φ6-200(2)
(2Φ12)；4Φ18

2Φ16　　4Φ18　　2Φ16

3Φ18

3800　　　4800

$\dfrac{1-1}{200×450}$　　　　$\dfrac{2-2}{200×450}$

$\dfrac{1-1}{200×450}$　　$\dfrac{2-2}{200×450}$　　$\dfrac{3-3}{200×450}$

$\dfrac{4-4}{200×450}$　　$\dfrac{5-5}{200×450}$　　$\dfrac{6-6}{200×450}$

任务七 结构施工图

4. 根据梁的平面注写绘制截面配筋图。

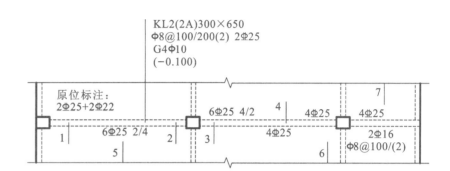

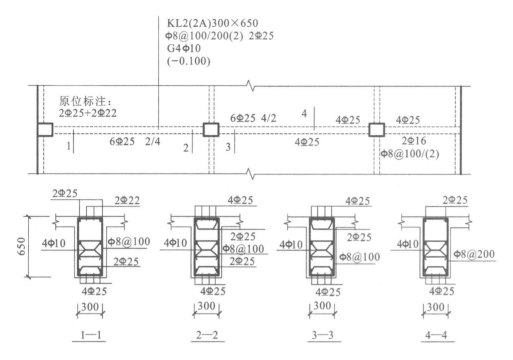

1—1   2—2   3—3   4—4

平面注写方式示例

$\dfrac{5—5}{200×450}$ $\dfrac{6—6}{200×450}$ $\dfrac{7—7}{200×450}$

任务七 结构施工图

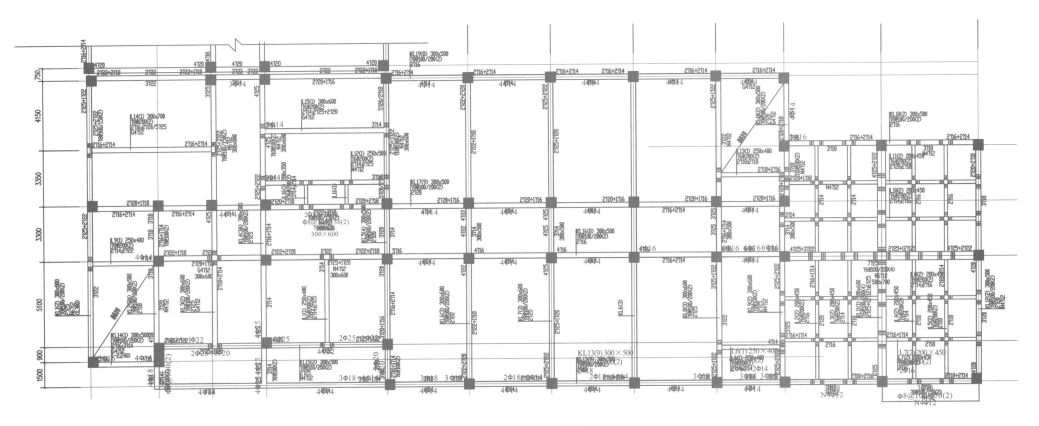

▽一层结构平面梁配筋图

说明：1. 该层梁板标高均为-0.050。▨▨表示温度后浇带。梁号非连续，仅在本段施工图有效。未注明
　　　定位的梁均居轴线中，或与墙、柱边齐。有暗梁处楼板受力钢筋应置于暗梁钢筋之上。
　　2. 未注明梁加密箍筋均为每侧各3Φd@50(d为主梁箍筋直径)；未注明吊筋为2Φ14。
　　3. 当KL*或L*梁端为墙支座时，支座处应采用框架梁构造；当L*梁端为梁支座时，支座处应采用
　　　非框架梁构造；图中XL*为悬挑梁，做法详见总说明。不论是否为同一梁号，相邻跨钢筋直径相
　　　同时，施工时尽量拉通。
　　4. 120、200厚填充墙下未设梁时相应位置楼板底部加设加强筋，锚入两端支座。板跨等于3m时，加
　　　筋上下各2Φ2；板跨大于3m时，加筋上下各2Φ14。

模块四　板的平法施工图　　　　　　　　　　　　　　班级　　　　　姓名　　　　　学号

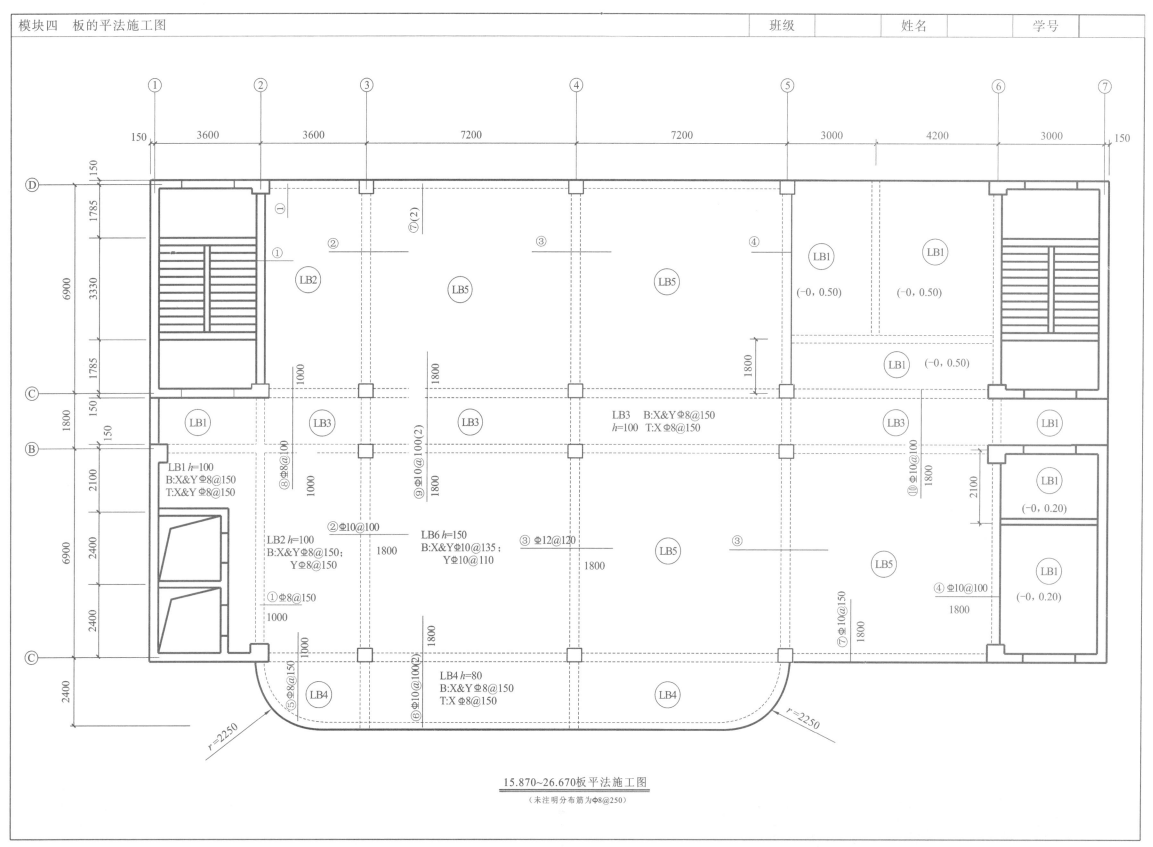

15.870~26.670板平法施工图

（未注明分布筋为Φ8@250）

任务七 结构施工图

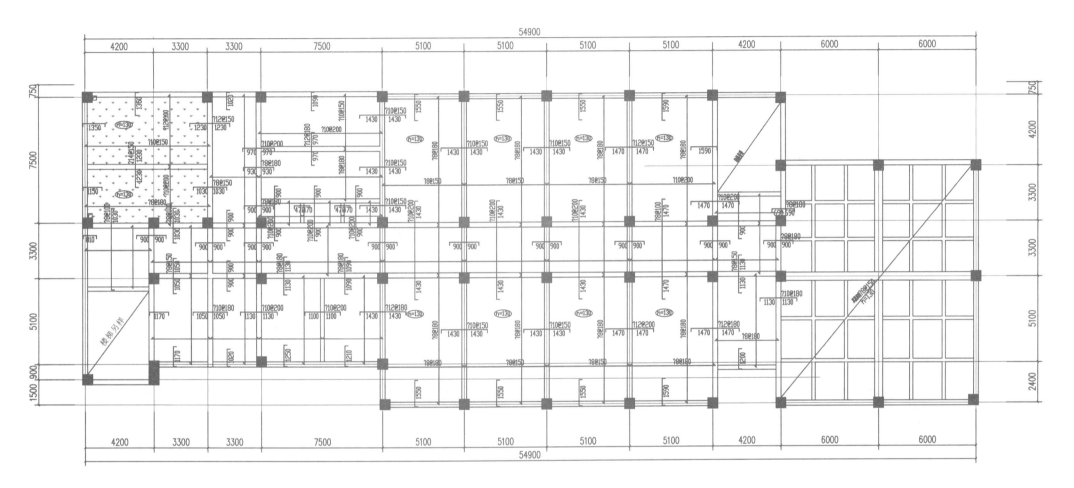

一层结构平面板配筋图

注：1. 图中未标注板厚均为100 mm，▨▨▨ 表示温度后浇带。
2. 图中未标注的现浇板底筋和负筋均为Φ8@200。
3. 管井、电井楼板先预甩钢筋待设备安装完毕后再行封板。
4. 图中未标注的构柱设置详见结构施工说明。
5. 现浇板分布筋采用Φ6@250。
6. 板顶钢筋长度为自梁或墙中算起。
7. 填充▨▨▨处板标高比室内正常标高低30 mm。
8. 为防止现浇板开裂，在楼两端的一个开间内的现浇板和短边跨度大于3.9 m的现浇板上部素混凝
   土区增设φ4@200×200附加钢筋网，与周边钢筋满足受拉搭接长度。

| 模块五   基础结构图 | 班级 | | 姓名 | | 学号 | |

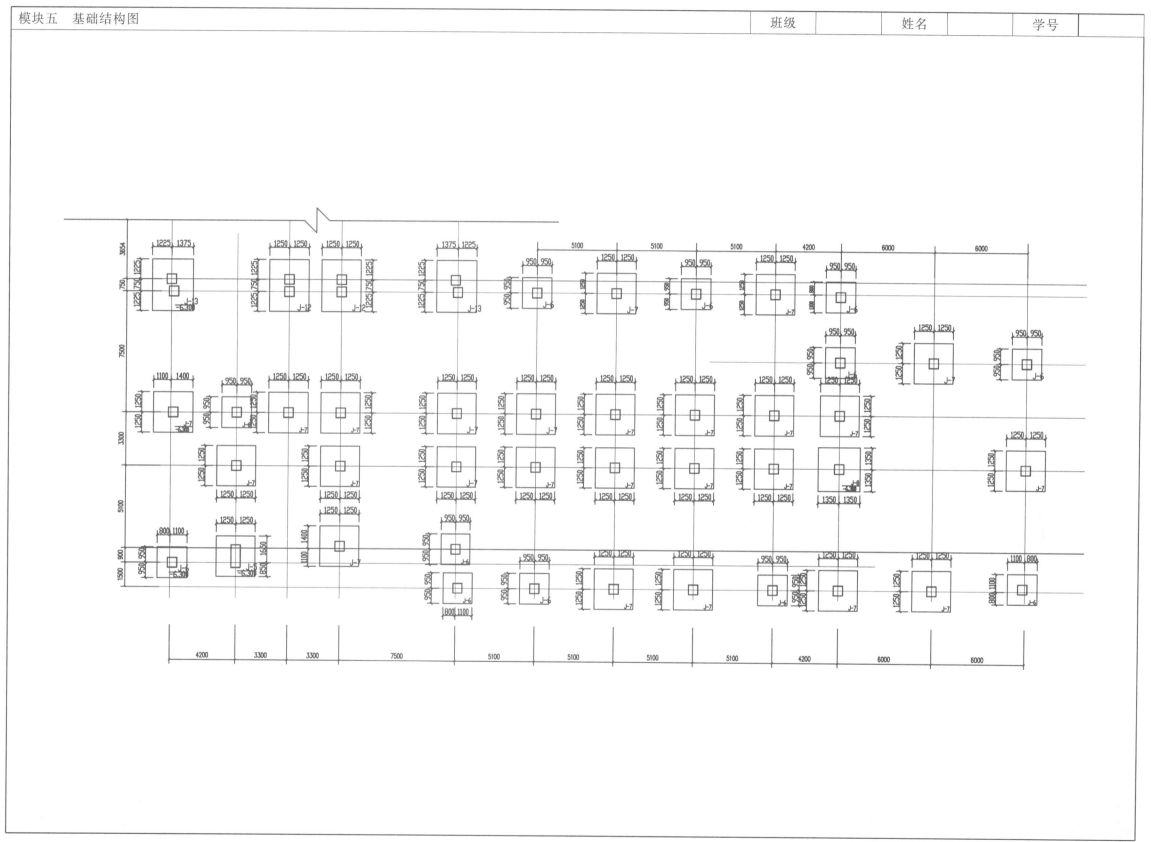

任务七 结构施工图

班级		姓名		学号	

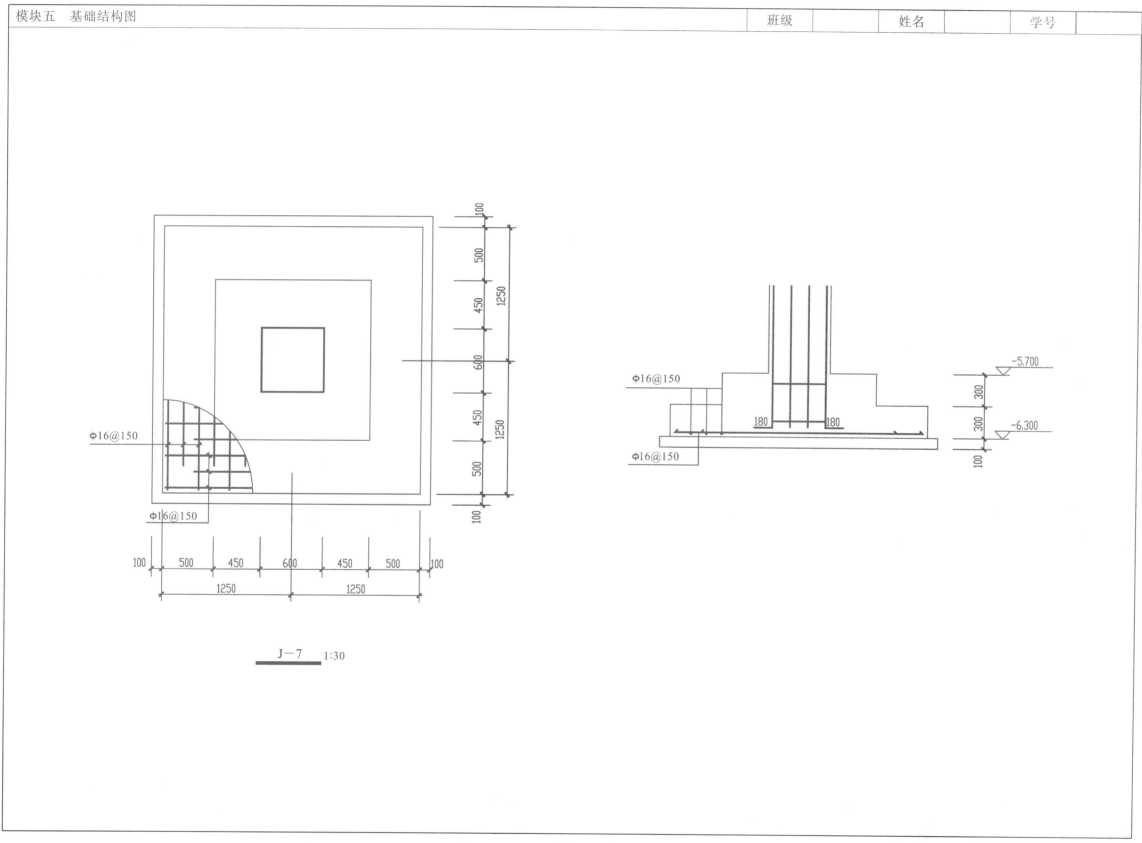

J—7 1:30

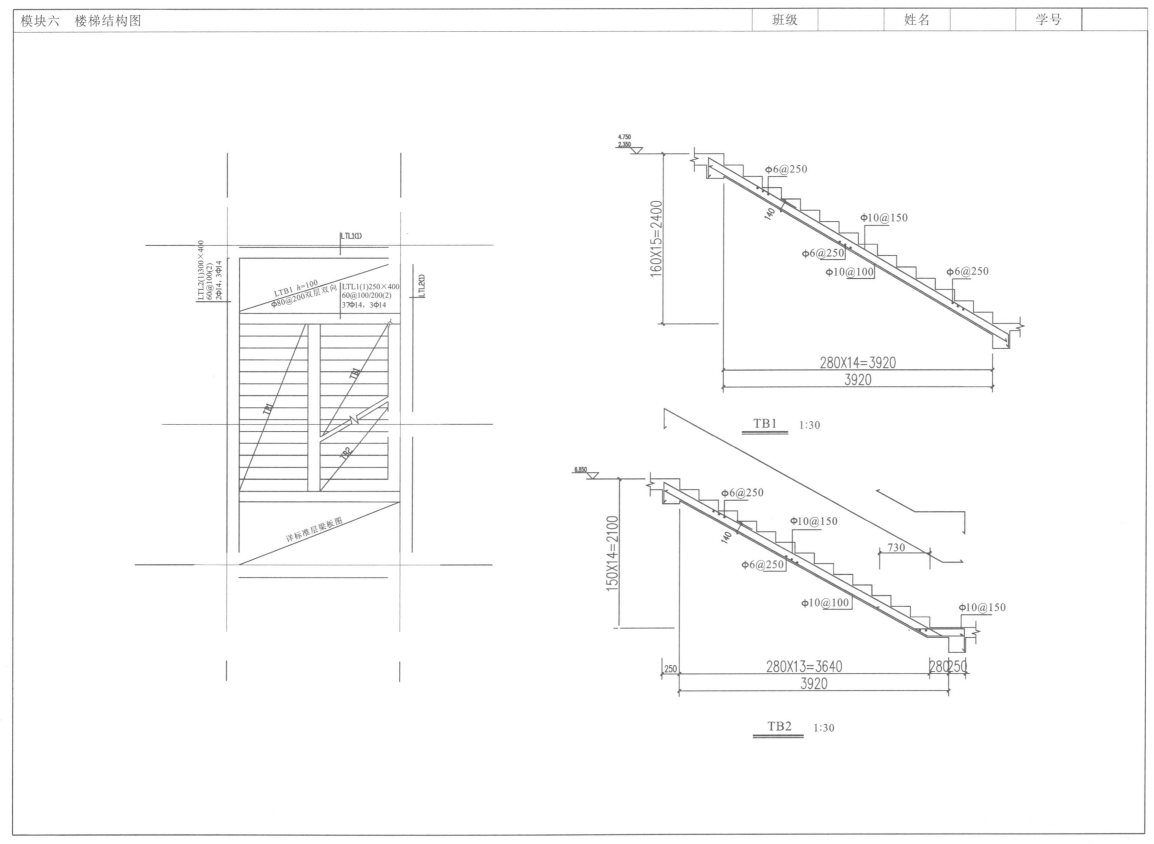